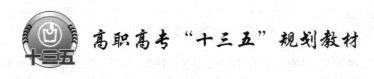

高职高专"十三五"规划教材

电弧炉炼钢技术

主　编　杨桂生　李亚东
副主编　蒋国祥　张淞源　姜海洪

北　京
冶 金 工 业 出 版 社
2020

内 容 提 要

本书介绍了电弧炉炼钢的发展、任务、特点，电弧炉炼钢原材料，电弧炉的基本冶炼工艺，不同类型的现代炼钢电弧炉，电弧炉的炉体、机械设备、电气设备及电气特性、供电制度，现代电弧炉炼钢的强化冶炼技术。

本书可作为高职高专、本科院校教材，也可供从事电弧炉炼钢生产的工程技术人员及管理人员参考。

图书在版编目(CIP)数据

电弧炉炼钢技术/杨桂生，李亚东主编. —北京：
冶金工业出版社，2020.10
高职高专"十三五"规划教材
ISBN 978-7-5024-8586-3

Ⅰ.①电… Ⅱ.①杨… ②李… Ⅲ.①电弧炉—
电炉炼钢—高等职业教育—教材 Ⅳ.①TF741.5

中国版本图书馆 CIP 数据核字(2020)第 112969 号

出 版 人 陈玉千
地 址 北京市东城区嵩祝院北巷 39 号 邮编 100009 电话 (010)64027926
网 址 www.cnmip.com.cn 电子信箱 yjcbs@cnmip.com.cn
责任编辑 杨盈园 耿亦直 美术编辑 彭子赫 版式设计 禹 蕊
责任校对 王永欣 责任印制 李玉山
ISBN 978-7-5024-8586-3
冶金工业出版社出版发行；各地新华书店经销；三河市双峰印刷装订有限公司印刷
2020 年 10 月第 1 版，2020 年 10 月第 1 次印刷
787mm×1092mm 1/16；11.5 印张；276 千字；173 页
39.00 元
冶金工业出版社 投稿电话 (010)64027932 投稿信箱 tougao@cnmip.com.cn
冶金工业出版社营销中心 电话 (010)64044283 传真 (010)64027893
冶金工业出版社天猫旗舰店 yjgycbs.tmall.com
(本书如有印装质量问题，本社营销中心负责退换)

前　言

当前世界上的炼钢方法主要是氧气转炉炼钢法和电弧炉炼钢法。废钢—电弧炉炼钢流程是以再生废钢为主要原料、电力为主要能源的"短流程"，在传统的特殊钢和高合金钢生产领域具有优势，而且在普钢生产领域也表现出强劲的竞争态势。电弧炉炼钢法发明一个多世纪以来，钢产量在不断稳步增长。目前世界电弧炉炼钢法的钢产量比例已达到总钢产量的三分之一，部分国家电弧炉炼钢法的钢产量比例超过总钢产量的二分之一。我国电弧炉钢产量虽然有较大幅度的增长，但其相对比例却在下降，直至10%左右，与工业发达国家电弧炉炼钢法的钢产量的比例相差甚远。为提升我国电弧炉炼钢法的水平，满足冶金学科高职高专院校学生、本科生及电弧炉炼钢工程技术人员学习的需要，作者特编写本书。

本书共6章，内容包括电弧炉炼钢概述、电弧炉炼钢用原料、传统电弧炉炼钢冶炼工艺、现代炼钢电弧炉、电弧炉炼钢设备、现代电弧炉炼钢的强化冶炼技术，系统阐述了电弧炉炼钢的特点、原材料、冶炼工艺及设备，重点介绍了现代电弧炉及其强化冶炼技术。作者在编写过程中注意内容的选取，力求实用、全面、通俗易懂，注重理论与实际相结合，突出基本理论、基本知识、基本技能的讲解，着力反映现代电弧炉炼钢的新技术。

本书由昆明冶金高等专科学校和青拓集团有限公司联合编写，由昆明冶金高等专科学校杨桂生、李亚东担任主编，昆明冶金高等专科学校蒋国祥、张凇源、青拓集团有限公司姜海洪担任副主编，杨桂生负责全书的策划和统稿。

本书的编写得到了昆明冶金高等专科学校冶金与矿业学院和青拓集团有限公司的大力支持，青拓集团有限公司董事长、昆明冶金高等专科学校冶金与矿业学院客座教授姜海洪对本书的编写提出了很多宝贵意见，在此表示衷心的感谢。此外，编写中还参考了许多文献资料，作者在此向文献作者和出版社一并表示真挚的谢意。

由于编者水平有限，书中的错误和不妥之处，请读者批评指正。

杨桂生

2020 年 5 月

目　录

1　电弧炉炼钢概述 ·········· 1

1.1　电弧炉炼钢基本任务 ·········· 1

1.1.1　钢与铁的区别 ·········· 1

1.1.2　电弧炉炼钢基本任务 ·········· 2

1.2　钢的分类 ·········· 2

1.2.1　按冶炼方法分类 ·········· 2

1.2.2　按化学成分分类 ·········· 2

1.2.3　按质量等级分类 ·········· 3

1.2.4　按用途分类 ·········· 3

1.3　钢的编号 ·········· 4

1.3.1　优质碳素结构钢和合金钢 ·········· 5

1.3.2　普通碳素结构钢 ·········· 6

1.3.3　碳素工具钢 ·········· 6

1.3.4　易切削钢 ·········· 6

1.3.5　铸钢 ·········· 6

1.3.6　电工用硅钢 ·········· 6

1.3.7　电工用纯铁 ·········· 7

1.3.8　高温合金 ·········· 7

1.3.9　耐蚀合金 ·········· 7

1.3.10　精密合金 ·········· 8

1.4　电炉的容量及分类 ·········· 8

1.4.1　电炉容量 ·········· 8

1.4.2　电炉分类 ·········· 10

1.5　电弧炉炼钢特点 ·········· 10

1.5.1　传统电弧炉炼钢特点 ·········· 10

1.5.2　现代电炉炼钢特点 ·········· 11

1.6　电弧炉炼钢的发展 ·········· 11

1.6.1　电炉钢比例 ·········· 11

1.6.2　发展对策 ·········· 13

复习与思考题 ·········· 14

2　电弧炉炼钢用原料 ·········· 15

2.1　废钢 ·········· 15

2.1.1　废钢的来源与分类 ……………………………………………… 15
2.1.2　废钢的要求与管理 ……………………………………………… 15
2.1.3　废钢的合理使用 ………………………………………………… 16
2.1.4　废钢中有害残余元素的去除技术 ……………………………… 17
2.2　废钢代用品 ……………………………………………………………… 20
2.2.1　直接还原铁 ……………………………………………………… 21
2.2.2　铁水 ……………………………………………………………… 22
2.2.3　生铁 ……………………………………………………………… 23
2.2.4　碳化铁 …………………………………………………………… 23
2.2.5　脱碳粒铁 ………………………………………………………… 24
2.3　合金料 …………………………………………………………………… 24
2.3.1　常用的合金材料 ………………………………………………… 24
2.3.2　常用的脱氧材料 ………………………………………………… 26
2.3.3　铁合金的管理 …………………………………………………… 27
2.4　渣料 ……………………………………………………………………… 29
2.4.1　石灰石 …………………………………………………………… 29
2.4.2　石灰 ……………………………………………………………… 29
2.4.3　萤石 ……………………………………………………………… 30
2.4.4　轻烧白云石 ……………………………………………………… 30
2.4.5　废黏土砖块 ……………………………………………………… 31
2.4.6　硅石和石英砂 …………………………………………………… 31
2.4.7　合成渣料 ………………………………………………………… 31
2.5　氧化剂、增碳剂 ………………………………………………………… 32
2.5.1　氧化剂 …………………………………………………………… 32
2.5.2　增碳剂 …………………………………………………………… 32
2.6　耐火材料 ………………………………………………………………… 33
2.6.1　耐火材料的分类 ………………………………………………… 33
2.6.2　电炉对耐火材料的技术要求 …………………………………… 34
2.6.3　电炉用耐火材料及主要质量指标 ……………………………… 34
2.6.4　电炉不同部位使用的耐火材料 ………………………………… 36
复习与思考题 …………………………………………………………………… 36

3　传统电弧炉炼钢冶炼工艺 …………………………………………………… 38
3.1　碱性电弧炉的冶炼方法 ………………………………………………… 38
3.1.1　氧化法 …………………………………………………………… 38
3.1.2　不氧化法 ………………………………………………………… 39
3.1.3　返回吹氧法 ……………………………………………………… 40
3.2　补炉 ……………………………………………………………………… 41
3.2.1　电弧炉炉衬损害的原因及解决措施 …………………………… 41

3.2.2　补炉材料 ……………………………………………… 41
3.2.3　补炉原则 ……………………………………………… 41
3.2.4　补炉方法 ……………………………………………… 42
3.3　装料 …………………………………………………………… 43
3.3.1　装料前的炉料计算 …………………………………… 43
3.3.2　装料操作 ……………………………………………… 45
3.4　熔化期 ………………………………………………………… 46
3.4.1　熔化期的主要任务 …………………………………… 46
3.4.2　炉料的熔化过程及供电 ……………………………… 46
3.4.3　熔化过程的主要物理化学变化 ……………………… 48
3.4.4　熔化期工艺操作要点 ………………………………… 49
3.4.5　加速炉料熔化的措施 ………………………………… 50
3.5　氧化期 ………………………………………………………… 51
3.5.1　氧化期的任务 ………………………………………… 52
3.5.2　氧化期的氧化方法 …………………………………… 52
3.5.3　氧化去磷 ……………………………………………… 54
3.5.4　钢液脱碳 ……………………………………………… 57
3.5.5　氧化期的炉渣和温度控制 …………………………… 61
3.5.6　增碳 …………………………………………………… 63
3.5.7　氧化期的强化 ………………………………………… 63
3.6　还原期 ………………………………………………………… 64
3.6.1　还原期的任务 ………………………………………… 64
3.6.2　钢液的脱氧 …………………………………………… 64
3.6.3　钢液的脱硫 …………………………………………… 65
3.6.4　温度控制 ……………………………………………… 67
3.6.5　炉渣控制 ……………………………………………… 67
3.7　钢液的合金化 ………………………………………………… 70
3.7.1　合金化的要求 ………………………………………… 70
3.7.2　合金元素的加入原则 ………………………………… 70
3.7.3　合金加入量计算 ……………………………………… 71
3.8　出钢操作 ……………………………………………………… 75
复习与思考题 ………………………………………………………… 76

4　现代炼钢电弧炉 …………………………………………………… 77
4.1　现代电弧炉的功能演变 ……………………………………… 77
4.2　现代电弧炉炼钢的基本工艺过程 …………………………… 78
4.2.1　装料操作 ……………………………………………… 78
4.2.2　冶炼操作 ……………………………………………… 78
4.2.3　出钢操作 ……………………………………………… 78

4.2.4　连续冶炼装料的准备操作 ……………………………………… 78

4.3　超高功率电弧炉 ……………………………………………………… 79

4.3.1　超高功率概念的提出 ………………………………………… 79

4.3.2　超高功率电弧炉的相关名词术语 …………………………… 80

4.3.3　早期的超高功率供电技术 …………………………………… 82

4.3.4　超高功率电炉及其优点 ……………………………………… 83

4.3.5　超高功率电炉的技术特征 …………………………………… 83

4.3.6　超高功率电弧炉的公害及抑制 ……………………………… 85

4.3.7　超高功率电弧炉的工艺操作要点 …………………………… 86

4.4　直流电弧炉 …………………………………………………………… 90

4.4.1　直流电弧炉设备特点 ………………………………………… 91

4.4.2　直流电弧炉炼钢工艺特点 …………………………………… 91

4.4.3　直流电弧炉的优缺点 ………………………………………… 94

4.5　高阻抗交流电弧炉 …………………………………………………… 96

4.5.1　高阻抗技术的发展 …………………………………………… 96

4.5.2　高阻抗技术及其优点 ………………………………………… 96

4.5.3　高阻抗电炉操作要点 ………………………………………… 97

复习与思考题 ……………………………………………………………… 98

5　电弧炉炼钢设备 ………………………………………………………… 99

5.1　电弧炉的炉体构造 …………………………………………………… 100

5.1.1　金属构件 ……………………………………………………… 101

5.1.2　炉衬 …………………………………………………………… 105

5.1.3　炉衬的维护 …………………………………………………… 107

5.1.4　烘炉 …………………………………………………………… 109

5.2　电弧炉的机械设备 …………………………………………………… 111

5.2.1　电炉倾动机构 ………………………………………………… 111

5.2.2　电极升降机构 ………………………………………………… 112

5.2.3　电弧炉顶装料系统 …………………………………………… 112

5.3　电弧炉的电气设备 …………………………………………………… 114

5.3.1　电弧炉的主电路 ……………………………………………… 114

5.3.2　电弧炉电控设备 ……………………………………………… 126

5.4　电炉的电气特性 ……………………………………………………… 129

5.4.1　电炉等值电路 ………………………………………………… 129

5.4.2　电炉回路阻抗的确定 ………………………………………… 129

5.4.3　电炉的电气特性 ……………………………………………… 130

5.5　电炉供电制度的确定 ………………………………………………… 133

5.5.1　合理供电制度的确定 ………………………………………… 134

5.5.2　高阻抗电炉供电制度 ………………………………………… 136

5.5.3　供电制度合理性的保障 ……………………………… 136
5.6　电炉炼钢排烟与除尘 ………………………………………… 137
5.6.1　电炉炼钢车间烟气特点 ……………………………… 137
5.6.2　电炉烟气与粉尘的主要性质 ………………………… 138
5.6.3　电炉炼钢的排烟与除尘方式 ………………………… 140
5.6.4　除尘方法 ………………………………………………… 143
5.6.5　电炉烟气与粉尘的利用 ……………………………… 144
复习与思考题 ………………………………………………………… 144

6　现代电弧炉炼钢的强化冶炼技术 ……………………………… 145
6.1　强化冶炼技术概述 …………………………………………… 145
6.2　水冷炉壁、水冷炉盖技术 …………………………………… 147
6.2.1　水冷挂渣炉壁 ………………………………………… 147
6.2.2　水冷炉盖 ………………………………………………… 150
6.3　长弧泡沫渣技术 ……………………………………………… 152
6.3.1　泡沫渣形成机理 ……………………………………… 152
6.3.2　泡沫渣的作用 ………………………………………… 153
6.3.3　影响泡沫渣的因素 …………………………………… 154
6.3.4　泡沫渣的控制 ………………………………………… 154
6.3.5　造泡沫渣方式 ………………………………………… 155
6.4　氧-燃助熔技术 ……………………………………………… 156
6.4.1　氧燃烧嘴的类型与特点 ……………………………… 156
6.4.2　结构与布置 …………………………………………… 157
6.4.3　供热制度 ………………………………………………… 158
6.4.4　应用效果 ………………………………………………… 159
6.5　炉门炭氧枪 …………………………………………………… 159
6.6　集束射流氧枪 ………………………………………………… 160
6.6.1　技术原理与特点 ……………………………………… 160
6.6.2　炉壁炭氧喷吹模块系统 ……………………………… 161
6.7　二次燃烧技术 ………………………………………………… 163
6.8　电炉底吹搅拌技术 …………………………………………… 164
6.9　废钢预热及余热回收技术 …………………………………… 165
6.9.1　废钢预热法的分类 …………………………………… 165
6.9.2　料篮式废钢预热 ……………………………………… 166
6.9.3　双壳电炉法 …………………………………………… 166
6.9.4　竖窑式电炉 …………………………………………… 167
6.9.5　炉料连续预热式电炉 ………………………………… 169
6.9.6　电炉炼钢余热回收技术 ……………………………… 172
复习与思考题 ………………………………………………………… 172

参考文献 …………………………………………………………… 173

1 电弧炉炼钢概述

采用电能作为热源进行炼钢的炉子，统称为电炉。常用炼钢电炉可分为：电弧炉（EAF，Electric Arc Furnace）、感应熔炼炉、电渣重熔炉、电子束熔炼炉、等离子熔炼炉等。目前世界上95%以上的电炉炼钢是由电弧炉冶炼的，因此通常所说的电炉炼钢主要指电弧炉炼钢，特别是碱性电弧炉炼钢（炉衬用镁质等碱性耐火材料）。

按电流特性，电弧炉分为交流与直流电弧炉。传统交流电弧炉炼钢法是以废钢为主要原料，以三相交流电作电源，利用电流通过石墨电极与金属料之间产生电弧的高温来加热及熔化炉料，为生产特殊钢和高合金钢的主要方法。

电弧炉是继转炉、平炉之后出现的又一种炼钢方法，它是在电发明之后的1899年，由法国的海劳尔特（Heroult）在La Praz发明的。它发展于阿尔卑斯山的峡谷中，原因是在距它不远处有一个火力发电厂。电弧炉的出现，开发了以煤炼钢的替代能源，使得废钢开始了经济回收，这最终使得钢铁成为世界上最易于回收的材料。

电弧炉炼钢从诞生以来，其发展速度虽然不如20世纪60年代前的平炉，也比不上之后转炉的发展，但随着科技的进步，电弧炉钢产量及其比例始终在稳步增长。尤其是自20世纪70年代以来，电力工业的进步，科技对钢的质量和数量的要求提高，大型超高功率电炉技术的发展以及炉外精炼技术的采用，使电炉炼钢技术有了很大的进步。

电炉钢除了在传统的特殊钢和高合金钢领域继续保持其相对优势外，正在普钢领域表现出强劲的竞争态势。在产品结构上，电炉钢几乎覆盖了整个长材生产领域，诸如圆钢、钢筋、线材、小型钢、无缝管，甚至部分中型钢材等。并且正在与转炉钢争夺板材（热轧板）市场。

1.1 电弧炉炼钢基本任务

1.1.1 钢与铁的区别

从材料的使用上，铁的用途很少，主要是作为炼钢的原料，钢因为具有良好的性能而被广泛使用。从化学成分来看，铁和钢都是以铁为主，并含有碳、硅、锰、磷、硫等元素，即铁、钢均是铁和碳及少量杂质的合金。但由于这些元素的含量不同，使它们的性质差别很大，其中主要是含碳量不同。

一般而言，钢是含碳量在2%（理论为2.11%）以下的铁碳及少量杂质的合金，它的熔点为1450~1530℃；而当含碳量大于2%时（理论为2.11%），称之为生铁，其熔点为1100~1200℃。

根据国家标准，按含碳量不同，可分为：工业纯铁（含碳量小于0.04%）、钢（含碳量为0.04%~1.7%）、生铁（含碳量大于2.11%）。

从性能来看，因化学成分不同影响着内部结构，也就导致性能的不同。生铁含碳量高，熔点低、流动性好，使得铸造性能好、耐磨、坚硬，但生铁脆，不能锻压加工，也不能焊接，使得使用范围受限。其中碳和铁元素形成的 Fe_3C 固溶体，随着碳含量增加，其强度、硬度增加，而塑性、冲击韧性降低。生铁与钢的比较见表 1-1。

表 1-1 生铁与钢的比较

材料	碳含量（质量分数）/%	熔化温度/℃	力学性能	热加工性能			冷加工性能
				轧锻	焊	铸造	拉、冲、拔
生铁	>2.11，一般为 2.5~4.3	1100~1200	硬而脆，耐磨性好	不好	不好	好	不好
钢	≤2.11，一般为 0.04~1.7	1450~1530	强度高，塑性、韧性好	好	好	一般	好

1.1.2 电弧炉炼钢基本任务

电弧炉炼钢，尤其是废钢—电炉炼钢的基本任务如下。

（1）熔化废钢、调整钢液温度，首先是将废钢铁加热熔化，并调整温度，以满足氧化、还原及完成其他任务对钢液温度的要求。

（2）脱磷，把钢液中的有害杂质磷降低到所炼钢号的规格范围内。

（3）脱碳，把钢液中的碳氧化降低到所炼钢号的规格范围内。

（4）脱氧，把氧化熔炼过程中对钢有害的过量的氧从钢液中排除掉。

（5）脱硫，把钢液中的有害杂质硫降低到所炼钢号的规格范围内。

（6）调整成分，加入合金元素，将钢液中的各种合金元素的含量调整到所炼钢号的规格范围内。

（7）去除有害气体和非金属夹杂物，利用碳氧反应把熔炼过程中进入钢液中及钢液中产生的有害气体及非金属夹杂物排除。

电炉炼钢的基本任务可以归纳为："四脱"（脱磷、脱碳、脱氧及脱硫），"二去"（去气体和去夹杂），"二调整"（调整成分和温度）。

为了完成上述基本任务，采用的主要技术手段为：供氧（脱磷、脱碳），造渣（脱磷、脱氧、脱硫），加热（调温），加脱氧剂（脱氧）和合金化操作（调成分）。

1.2 钢 的 分 类

钢的分类，通常是按冶炼方法、化学成分、质量等级及用途等几个方面进行分类的。

1.2.1 按冶炼方法分类

按炼钢炉设备不同可分为转炉钢、电炉钢、平炉钢。其中电炉钢又分为电弧炉钢、感应炉钢、电渣重熔钢、电子束熔炼钢及真空熔炼钢等。

按脱氧程度不同可分为沸腾钢（不经脱氧或微弱脱氧）、镇静钢（脱氧充分）和半镇静钢（脱氧不完全，介于镇静钢和沸腾钢之间）。

1.2.2 按化学成分分类

按是否加入合金元素分为碳素钢和合金钢两大类。

（1）碳素钢。以碳元素为主，除因脱氧及保证钢的性能而加入一定量的硅（$w[Si] \leqslant 0.40\%$）和锰（$w[Mn] \leqslant 0.80\%$）等合金元素外，不含其他合金元素的钢。

根据钢中碳元素总含量的多少，可分为低、中、高碳钢，如：

低碳钢　　$w[C] < 0.25\%$；

中碳钢　　$w[C] = 0.25\% \sim 0.6\%$；

高碳钢　　$w[C] > 0.6\%$，当 $w[C] \geqslant 0.65\%$ 时，成为碳素工具钢。

代表钢号有：20，45，T7～T13。

碳含量低于 0.04% 的低碳钢称作工业纯铁或熟铁。

（2）合金钢。合金钢是在碳素钢的基础上，为改善钢的性能而特意加入一定量合金元素的钢。

依钢中合金元素总含量 $\sum j$ 的多少，可分为低、中、高合金钢：

低合金钢（质量分数）$\sum j < 3.5\%$；

中合金钢（质量分数）$\sum j = 3.5\% \sim 10\%$；

高合金钢（质量分数）$\sum j > 10\%$。

根据钢中所含主要合金元素的种类，合金钢又分为锰钢、硅钢、铬钢、铬锰硅钢、铬镍钨钢、硼钢等。

代表钢号：16Mn，40Cr，20CrMnTi，20CrNi4，Cr12。

1.2.3　按质量等级分类

主要是按钢中的 P、S 等有害杂质的含量分类，可分为三大类。

（1）普通钢，$w[P] \leqslant 0.045\%$，$w[S] \leqslant 0.055\%$。

（2）优质钢，$w[P] \leqslant 0.040\%$，$w[S] \leqslant 0.040\%$。

（3）高级优质钢，$w[P] \leqslant 0.035\%$，$w[S] \leqslant 0.030\%$。

非合金钢和低合金钢均含上述三种级别，而合金钢只含后两种级别。

1.2.4　按用途分类

按用途可分为三大类：结构钢、工具钢、特殊性能钢。

（1）结构钢。结构钢是目前生产最多、使用最广的钢种，它包括碳素结构钢和合金结构钢，主要用于制造机器、结构的零件，以及建筑工程用的金属结构等。

碳素结构钢是指用来制造工程结构件（船舶、桥梁、车辆、压力容器等）和机械零件（轴、齿轮、各种联接件等）用的钢，对于优质碳素钢，要求 $w[S] \leqslant 0.040\%$，$w[P] \leqslant 0.040\%$。碳素结构钢的价格最低，工艺性能良好，产量最大，用途最广。

合金结构钢主要用于制造机器及结构的零件，它是在优质碳素结构钢的基础上，适当地加入一种或几种合金元素，用来提高钢的强度、韧性和淬透性。合金结构钢根据化学成分（主要指含碳量）、热处理工艺和用途的不同，又可分为渗碳钢、调质钢和氮化钢。

（2）工具钢。根据工具用途不同可分为刃具钢、模具钢与量具钢，包括碳素工具钢、合金工具钢及高速工具钢。

碳素工具钢其硬度主要以含碳量的高低来调整（$0.65\% \leqslant w[C] \leqslant 1.30\%$），为了提高钢的综合性能，有的钢中加入 0.35% ~ 0.60% 的锰，如 T7 ~ T13。

合金工具钢不仅含有很高的碳，有的高达 $w(C) = 2.30\%$，而且含有较高的铬（可达 $w(Cr) = 13\%$）、钨（达 $w(W) = 9\%$）、钼、钒等合金元素，这类钢主要用于各种模具，如 6Cr12，9Cr2。

高速工具钢除含有较高的碳（1% 左右）外，还含有很高的钨（可达 19%）和铬、钒、钼等合金元素，具有较好的赤热硬性，如 W18Cr4V。

（3）特殊性能钢。特殊性能钢指的是具有特殊化学性能或力学性能的钢，如轴承钢、不锈钢、弹簧钢、高温合金钢等。

1）轴承。轴承钢是指用于制造各种环境中工作的各类轴承圈和滚动体的钢，这类钢含碳 1% 左右，含铬最高不超过 1.65%，要求具有高而均匀的硬度和耐磨性，内部组织和化学成分均匀，夹杂物和碳化物的数量及分布要求高，如 GCr15，GCr9SiMn。

2）不锈钢。不锈钢是指在大气、水、酸、碱和盐等溶液或其他腐蚀介质中具有一定化学稳定性的钢的总称。耐大气、蒸气和水等弱介质腐蚀的称为不锈钢，耐酸、碱和盐等强介质腐蚀的钢称为耐腐蚀钢。不锈钢具有不锈性，但不一定耐腐蚀，而耐腐蚀钢则一般都具有较好的不锈性。

按金相组织不同，不锈钢又可分为：

马氏体不锈钢（一般是以 $w(Cr) = 12\% ~ 18\%$、$w(C) = 0.1\% ~ 1.0\%$ 钢为代表的 400 系列），如 1 ~ 3 Cr13。

铁素体不锈钢（一般是以 $w(Cr) = 11\% ~ 30\%$、微 C 钢为代表的 400 系列），如 Cr25、Cr25Mo3Ti。

奥氏体不锈钢（一般是以含 $w(Cr) = 18\%$、$w(Ni) = 8\%$、$w(C) \leqslant 0.1\%$ 钢为代表的 300 系列），如 0 ~ 1 Cr18Ni9。

双相不锈钢，即奥氏体-铁素体型（一般含 $w(Cr) = 18\% ~ 28\%$，$w(Ni) = 3\% ~ 10\%$），如 0Cr26Ni5Mo2。

3）弹簧钢。弹簧钢主要含有硅、锰、铬合金元素，具有高的弹性极限、高的疲劳强度以及高的冲击韧性和塑性，专门用于制造螺旋簧及其他形状的弹簧，对钢的表面性能及脱碳性能的要求比一般钢严格，如 60Si2Mn，50Si2Mn。

4）高温合金钢。高温合金指的是在应力及高温同时作用下，具有长时间抗蠕变能力、高的持久强度及高的抗蚀性的金属材料。常用的有铁基合金、镍基合金、钴基合金、还有铬基合金、钼基合金及其他合金等。高温合金主要用于制造燃汽轮机、喷气式发动机等高温下工作的零部件，如 GH128、GH220（用于航天发动机燃烧室及涡轮叶片，工作温度分别为 1300℃、-253 ~ 950℃）。

1.3　钢　的　编　号

钢的编号是为了区分识别各个不同的钢种，以便于生产、运输、选择、使用、贮存与管理。各国钢的编号方法及规律虽然不同，但所表示的内容均不外是冶炼方法、质量等级、化学成分、组织状态及性能与用途等。

我国钢种牌号按下列两个基本原则表示。

（1）钢号中的化学元素采用国际化学元素符号表示，如 Si、Mn、Cr、W、…。其中只有稀土元素，由于其含量不多但种类却不少，不易全部一一分析出来，因此用"RE"表示其总含量。

（2）产品名称、用途、特性和冶炼工艺方法表示，一般采用汉字或汉语拼音字母缩写来表示，如表 1-2 所列。采用汉语拼音缩写，原则上取第一个字母，如这样做与另一钢种所取字母重复时，改取第二个字母或第三个字母或同时选取两个汉字拼音的第一个字母。汉语拼音字母原则上只取一个，一般不超过两个。下面介绍我国钢材的一般编号方法。

表1-2　产品名称、用途、特性和冶炼工艺方法代号（摘要）

名称	牌号表示		名称	牌号表示		名称	牌号表示	
	汉字	汉语拼音字母		汉字	汉语拼音字母		汉字	汉语拼音字母
沸腾钢	沸	F	舶钢	船	C	铆螺钢	铆螺	ML
半镇静钢	半	b	桥梁钢	桥	q	容器用钢	容	R
镇静钢	镇	Z	锅炉钢	锅	g	精密合金钢	精	J
高级优质钢	高	A	焊条用钢	焊	H	耐蚀合金钢	耐蚀	NS
易切削钢	易	Y	高温合金钢	高温	GH	电工用纯铁	电铁	DT
碳素工具钢	碳	T	铸钢	铸钢	ZG			
滚动轴承钢	滚	G	钢轨钢	轨	U			

1.3.1　优质碳素结构钢和合金钢

概括地说，排在钢牌号前面的数字是取钢中碳平均含量的千分之几或万分之几的整数，后面跟着标定的是合金元素的化学符号和数字，而这个数字是表示该元素平均含量的百分之几或千分之几且也取整数。

1.3.1.1　碳含量的表示方法

（1）低合金钢（如 16Mn，40Cr）、合金结构钢（如 30CrMnSi）和弹簧钢（如60Si2Mn）在牌号的头部用两位数字表示平均碳含量的万分之几。

（2）合金工具钢（如 Cr12MoV）、高速工具钢（如 W6Mo5Cr4V2）、高碳轴承钢（如GCr15）等一般不标出碳含量的数字；如平均碳含量小于 1.00% 时，可用一位数字表示碳含量的千分之几。

（3）不锈耐酸钢、耐热钢等，一般用一位数字表示平均碳含量的千分之几；平均碳含量小于 0.1% 的用"0"表示；碳含量不大于 0.03% 的用"00"表示。

1.3.1.2　合金元素的表示方法

（1）合金元素含量一般都在元素符号后面用数字标明，取的是该元素平均含量的百分之几的整数；如平均合金含量为小于 1.5%，则牌号中仅标明元素，一般不标明含量；如平均合金含量为 1.50%～2.49%、2.50%～3.49%、…、22.50%～23.49%、…，则相应地写成 2、3、…、23、…。

（2）高碳铬轴承钢的铬含量是用千分之几表示，而平均铬含量小于 1% 的合金工具钢，铬含量也用千分之几表示，但在含量数值之前加一个数字"0"。例如，平均铬含量为 0.60% 的合金工具钢表示为"Cr06"。

（3）滚珠轴承钢前面冠以汉语拼音字母"G"以示区别于其他合金工具钢。

1.3.1.3　用途、特性的表示方法

某些钢牌号的末尾带"A"的为高级优质钢，经电渣重熔冶炼的特级优质钢，牌号后加"E"。还有些专门用途的低合金钢、合金结构钢，在牌号头部（或尾部）加代表钢用途的符号，如"ML"表示铆螺钢，"g"表示锅炉用钢，而"H"表示焊接用钢等。

1.3.2　普通碳素结构钢

普通碳素结构钢的牌号由汉语拼音字母"Q"前缀，后接三位数字，该三位数字表示厚度或直径小于 16mm 钢材的标准屈服强度，而后标定的是质量等级与脱氧程度。质量等级有 A、B、C、D 四等，脱氧程度为：沸腾钢用汉语拼音字母"F"表示；半镇静钢用汉语拼音字母"b"表示；镇静钢和特殊镇静钢则分别用汉语拼音字母"Z"与"TZ"表示。但在牌号表示法中，"Z"与"TZ"均予以省略。如 Q235AF、Q235BZ、Q345C、Q345D。

1.3.3　碳素工具钢

碳素工具钢的牌号由汉语拼音字母"T"为前缀，后面标定的数字表示钢中平均碳含量的千分之几（如 T7～T13）；如锰含量较高时，在数字之后标出锰元素符号（如 T8Mn）；在牌号尾号"A"时，表示为高级优质碳素工具钢（如 T10A）。

1.3.4　易切削钢

易切削钢的牌号是用汉语拼音字母"Y"和数字表示，而该数字表示平均碳含量的万分之几。硫或硫磷易切削钢，牌号中不标出易切削元素符号（如 Y15），而含 Ca、Pb、Se 等易切削元素的易切削钢，在牌号尾部标出易切削元素符号（如 Y15Pb、Y45Ca）。锰含量较高的易切削优质碳素结构钢，在符号 Y 和数字之后标出锰元素符号，例如，平均碳含量为 0.40%、锰含量较高（1.20%～1.55%）的易切削碳素结构钢，牌号表示为"Y40Mn"。

1.3.5　铸钢

优质碳素结构钢、合金结构钢、不锈钢等铸钢，均在原牌号头部加符号"ZG"；轧辊用铸钢，在原牌号头部加符号"ZU"。

1.3.6　电工用硅钢

电工用热轧硅钢、电工用冷轧无取向硅钢、电工用冷轧取向硅钢的牌号的头部分别用汉语拼音字母"DR""DW""DQ"和之后的数字表示，而该数字表示典型产品的最大单位铁损值。牌号尾部加符号"G"的，表示在高频率下检验的；牌号尾部未加符号"G"的，表示在频率为 50Hz 时检验的。

1.3.7 电工用纯铁

电工用纯铁的牌号用汉语拼音字母"DT"和数字表示，该数字是表示不同牌号的顺序号。电磁性能为高级、特级、超级，在数字之后分别加符号"A""E""C"。

1.3.8 高温合金

在应力和高温（600~650℃以上）同时作用下，有长时间的抗蠕变能力并具有高持久强度及高抗蚀性能的金属材料称为耐热合金或高温合金。

1.3.8.1 高温合金的分类

（1）高温合金根据基本成形方式或特殊用途，可分为变形高温合金、铸造高温合金、焊接高温合金及粉末高温合金。

（2）根据合金的基本组成元素，将合金分为铁基合金、镍基合金和钴基合金。

（3）根据合金的主要强化特征，将合金分为固溶强化型合金和时效硬化型合金。

1.3.8.2 高温合金的表示方法

（1）变形高温合金的牌号采用汉语拼音字母"GH"作前缀后接四位数字。其中第一位数字表示分类号，即用1、2、3、4、6分别表示固溶强化型铁基合金、时效硬化型铁基合金、固溶强化型镍基合金、时效硬化镍基合金和钴基合金，而5目前排空。符号"GH"后的第二、三、四位数字表示合金的编号。

（2）铸造高温合金采用汉语拼音字母"K"作前缀，后接三位数字。其中"K"后第一位数字表示分类号，即用2、4、6分别表示时效硬化型铁基合金、时效硬化镍基合金、钴基合金，而"K"后的第二、三位数字表示合金的编号。

（3）焊接用的高温合金丝是在前缀符号"GH"前加符号"H"，即采用"HGH"为前级后接四位数字来表示。该四位数字的意义与变形高温合金的相同。

（4）粉末高温合金是在前缀"GH"前加符号"F"，即采用"FGH"作前缀后接数字来表示。符号"FGH"第一位数字表示分类号（前缀符号后的数字位数及特定含义待定）。

1.3.9 耐蚀合金

在氧化或还原气氛中，或在强酸、强碱、高温高压水压力、苛性介质应力的长时间作用下，具有耐腐蚀能力的镍基材料称为耐蚀合金。

1.3.9.1 耐蚀合金的分类

（1）耐蚀合金根据基本成形方式的不同，可分为变形耐蚀合金和铸造耐蚀合金。

（2）根据合金的基本组成元素不同，可分为铁镍基合金和镍基合金。铁镍基合金含镍30%~50%且镍加铁不小于60%，镍基合金含镍不小于50%。

（3）根据合金的主要强化型特征，将合金分为固溶强化型合金和时效硬化型合金。

1.3.9.2 耐蚀合金的表示方法

（1）变形耐蚀合金的牌号采用汉语拼音字母"NS"为前缀，后接三位数字表示。其中符号"NS"后第一位数字表示分类号，即用1、2、3、4分别表示固溶强化型铁镍基合金、时效硬化型铁镍基合金、固溶强化型镍基合金、时效硬化型镍基合金；而"NS"后第二位数字表示不同合金的系列号，即用1、2、3、4分别表示Ni-Cr系、Ni-Mo系、Ni-Cr-Mo系、Ni-Cr-Mo-Cu系；符号"NS"后第三位数字表示不同合金牌号的顺序号。焊接用的耐蚀合金在符号"NS"前加符号"H"，即采用"HNS"为前缀，后接三位数字。

（2）铸造耐蚀合金在符号"NS"前加符号"Z"，即采用"ZNS"为前缀，后接三位数字。两种合金各位数字所表示意义与变形耐蚀合金的相同。

1.3.10 精密合金

精密合金是具有某些特殊物理性能的合金总称。牌号是在汉语拼音字母"J"前面用数字表示精密合金的类别，即用1、2、3、4、5、6分别表示软磁合金、变形永磁合金、弹性合金、膨胀合金、热双金属和精密电阻合金，而符号"J"后第一、二位表示不同合金牌号（热双金属例外）的序号。序号从01开始，可编到99。合金牌号的序号原则上应以主元素（除铁外）百分含量的中值表示。若合金序号重复，其中某合金序号可采用主元素百分含量与另一合金元素百分含量之和的中值表示，或以主元素百分含量的上（或下）限表示，以示区别。对于同一合金成分，由于生产工艺不同、性能也不同的合金，或同一合金成分、用途不同、性能要求也不同的合金，在必须予以区别时，应在序号之后加以汉语拼音字母相区别，该字母为表示合金的主特性或用途的汉语拼音的第一个字母。热双金属字母"J"后的第一、二位数字表示比弯曲公称值的整数（单位为$10^{-6}/℃$）；第三位及其后的数字表示电阻率公称值；数字后的字母"A""B"分别表示被动层相同而主动层不同的两种热双金属牌号。

1.4 电炉的容量及分类

1.4.1 电炉容量

电炉的容量可以用其熔池的额定容钢量来表示（电炉熔池形状见图1-1），常称为额

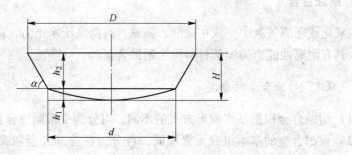

图1-1 电炉熔池形状图

D—钢液面直径；H—钢液深度；h_1—球缺钢液高度；h_2—锥台钢液高度；d—球缺直径；α—锥台与水平的夹角

定容量、公称容量或标准容量，也常用炉壳直径表示。电炉的公称容量/炉壳直径一般在 1.6t/ϕ1.8m~350t/ϕ9.0m 范围内。

随着电炉高功率化、大型化的发展，炉子大与小的区分界限也在改变，而且也因国家、制造厂而异，即是相对而言。为了叙述问题方便，将 40t/ϕ4.6m 以下的电炉看作小炉子，将 70t/ϕ5.5m 以上的电炉看作大炉子。

工业用电炉大小范围很宽，各国家、制造厂也不尽相同，见表 1-3。

表 1-3　不同国家制造商的电炉大小与范围

国　家	制　造　商	电炉容量/t	炉壳直径/m
意大利	DANIELI	20~50~150	3.8~5.3~7.5
法国	CLECIM	30~70~160	4.3~5.5~7.3
日本	IHI	30~70~200	4.6~5.8~7.6
日本	NKK	30~70~200	4.6~5.8~8.0
德国	DEMAG	30~70~200	4.3~5.5~7.9
德国	GHH	30~70~300	4.3~5.5~8.5
德国	KRUPP	40~50~200	4.8~5.0~7.5
瑞士	ABB[①]	30~50~180	4.0~4.9~7.0
中国	CHN	30~70~120	4.3~5.5~6.5

① 总部在瑞士。

就电炉大型化而言，美国引领世界潮流，200st（1st = 907kg）级炉子很多，350st 以上就有 6 座。1971 年投产 400st/9.8m/162MV·A，生产钢锭；1976 年美国西北钢铁公司投产了世界上最大的电炉 600st（600st/12m/200MV·A）用于生产钢锭；2000 年该公司投产 415t 炼钢电炉。日本最大电炉为 250t，奥钢联 2007 年为土耳其建设的最大电炉为 300t。中国最大电炉 150t 现已超过 8 座，目前正在建 220t 电炉。

电炉容量的大型化提高了生产率，降低了炼钢成本。20 世纪 70 年代以来，许多国家建大型电炉，淘汰小炉子，如日本，到 1980 年共淘汰了 281 座 30t 以下的炉子，美国 1980 年以后几乎不再建 40t 以下的电炉。美国 1996 年有电炉 223 座，年生产能力为 5500 万吨。其中小于 50t 炉座数占 47%，年生产能力为 740 万吨，占 13.5%；50t 及以上炉座数占 53%，年生产能力为 4760 万吨，占 86.5%。

在电炉发展过程中，高功率化、大型化对电炉的发展起到积极促进作用，但目前来看，较多的电炉容量在 60~120t，相应能力在 45 万~90 万吨/年。这不仅是由于该容量范围内的电炉本身单体技术比较完善和成熟，更重要的是由于该容量范围内的电炉与精炼、连铸、轧机等在工程上的匹配与衔接更容易优化地实现（更容易优化组合），而且在经济上也更合理。

应该说世界范围电炉大型化的速度已经缓慢，但中国电炉的大型化还远远不够。中国 1995 年工业普查，全国电炉（电弧炉）有 3380 座，约 98% 为 30t 以下的小炉子，其中小于 2% 比例的大炉子也是近十几年的事。当时全国冶金行业共有电炉 1560 多座，大多数是 30t 以下的。后来引进建设 40 多座 50t 及以上的超高功率电炉，关停了 1000 多座低效、高能耗的小电炉，到 2003 年，运行的电炉有 195 座，年生产能力约 4000 万吨；目前大约有 180 多座电炉，5 年生产能力超过 7000 万吨。

1.4.2   电炉分类

电炉设备的分类方法很多，常见的有如下几种：

（1）按炉衬耐火材料的性质分为：酸性电炉、碱性电炉；

（2）按炉子与变压器的位置分为：左操作电炉、右操作电炉（日本与之相反）；

（3）按电流特性分为：交流电炉、直流电炉；

（4）按功率水平分为：普通功率电炉、高功率电炉、超高功率电炉；

（5）按废钢预热分为：竖炉、双壳炉、炉料连续预热式电炉等；

（6）按出钢方式分为：槽式出钢电炉、偏心底出钢（EBT）电炉等；

（7）按底电极形式分为：触针风冷式直流电炉、导电炉底风冷式及钢棒水冷式直流电炉等；

（8）按炉盖与炉体的位移分为：炉体开出式电炉、炉盖开出式及炉盖旋转式电炉。

1.5   电弧炉炼钢特点

1.5.1   传统电弧炉炼钢特点

电弧炉炼钢的优点主要有以下几个方面。

（1）温度高而且容易控制。氧气顶吹转炉熔炼的热源主要是铁水的物理热和化学热，它的数值是有限的；至于电弧炉，它的弧光区温度高达 $3000 \sim 6000 \, ^\circ\mathrm{C}$，远远高于冶炼一般钢种所需的温度，不但可以熔化各种高熔点的合金，而且升温也比较迅速准确。电炉热效率一般可达 65% 以上。

（2）可造成氧化性气氛，也可以造成还原性气氛。在氧气顶吹转炉中，吹入大量氧是熔炼得以进行的必要条件，熔炼自始至终在不同程度的氧化性气氛下进行。至于传统电弧炉，在还原期采取加入还原性材料（炭粉或硅铁粉等）、杜绝空气进入等措施，可以迅速造成强还原性气氛，有利于钢的脱氧和脱硫，并大大减少易氧化合金元素如铝、钛、硼等的烧损，为冶炼某些特殊钢种提供了条件。

（3）冶炼设备简单。与其他炼钢方法相比，电弧炉炼钢法的设备简单，因此基建投资较少，投产也较快。

由于碱性电弧炉炼钢法具有上述优点，能够生产多种当前转炉仍然不能生产的高质量合金钢，特别是高合金钢。所以近年来电炉钢在世界全部钢产量中所占的比重逐年稳步上升。

电弧炉炼钢的缺点主要有以下几个方面。

（1）电炉耗电量较大，熔炼 1t 钢所消耗的电能约为 $500 \mathrm{kW} \cdot \mathrm{h}$ 左右，在电力供应紧张的地区，电弧炉的建立比较困难。

（2）电弧是点热源，炉内温度分布不均匀，熔池各部位的温差较大。

（3）在电弧的高温作用下，炉中的空气和水汽大量离解，使成品钢中含有较多的氢和氮。电炉钢中一般含氢约为 $(3 \sim 5) \times 10^{-6}$，含氮为 $(40 \sim 100) \times 10^{-6}$。

（4）社会废钢来源复杂，通常含残余有色金属元素（铜、铅、锌、锡、镍、砷、铬、钨等）难以去除，须有效处理后才能冶炼优质钢，如配加清洁的返回废钢、直接还原铁、生铁、热铁水等。

1.5.2 现代电炉炼钢特点

现代电炉炼钢特点见表1-4。

（1）多种能源，除电能外还有化学能和物理能（超过50%）。

（2）过程连续化，流程紧凑。

（3）多种原料，除废钢外还有铁水或生铁或DRI（30%~40%）。

（4）采用现代生产方法，配合精炼与连铸以及连铸连轧。

（5）重视环保。源头治理，力求实现绿色制造，重视生态平衡与循环经济。

表1-4 现代电弧炉炼钢与传统电弧炉炼钢特点比较

比较项目	传统电弧炉	现代电弧炉
能源	电能	电能、化学能、物理能
冶金过程	熔化、氧化、还原三期操作 熔毕碳含量高于0.2%	取消电弧炉还原期，采用炉外精炼 高配碳
主要原料	废钢、10%~15%生铁	废钢、30%~40%铁水或生铁、DRI
产品	钢锭	连铸坯
环境	环保意识差	重视环保、绿色制造

1.6 电弧炉炼钢的发展

电能具有清洁、高效、方便等多种优越的特性，是工业化发展的优选能源。19世纪中叶后，各种大规模实现电-热转换的冶炼装置陆续出现：1879年William Siemens首先进行了使用电能熔化钢铁炉料的研究，1889年出现了普通感应炼钢炉，1900年法国人P.L.T.海劳尔特设计的第一台炼钢电弧炉投入生产。从此，电弧炉炼钢在100多年中得到了长足的发展，已成为最重要的炼钢方法之一。

20世纪以来世界总钢产量、电炉钢产量和电炉钢所占百分比的变化易于看出：

（1）20世纪50年代前电炉钢占百分比很低，是一类特殊的炼钢方法。

（2）20世纪50年代以后，电炉钢得到迅速发展，1950~1990年间世界电炉钢总产量增长近17倍。电炉钢所占百分比也由6.5%增至27.5%。

（3）20世纪90年代以来，世界电炉钢保持高速发展，1990~1998年间，世界电炉钢年产量增加5123万吨，电炉钢占百分比增长至33.9%。

1.6.1 电炉钢比例

在钢产量上，世界粗钢产量在2001年前的20多年一直在7.0亿~8.0亿吨之间徘徊，电炉钢产量比例却一直在稳步上升，由百分之十几增至百分之三十几，2001年达到35.1%，之后电炉钢产量比例有所回落，但也一直在30%~34%之间徘徊，如图1-2和表1-5所示。

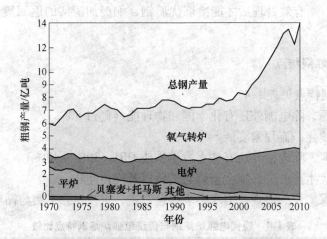

图 1-2　世界几种炼钢方法粗钢产量比较

表 1-5　近几十年世界粗钢产量、电炉钢比例

年　份	1970	1990	2000	2001	2002	2003	2004	2005	2006	2007	2008	2009
世界粗钢产量/亿吨	6.00	7.70	8.477	8.45	9.04	9.63	10.60	11.39	12.2	13.44	13.28	12.20
世界电炉钢产量比例/%	14.2	27.5	33.7	35.1	33.9	34	33.2	31.7	32.1	30.4	30.8	28.2

近几年世界主要国家电炉钢比例见表 1-6。

表 1-6　主要国家电炉钢比例

国家	2016 年		2017 年		2018 年	
	粗钢产量/Mt	电炉钢比例/%	粗钢产量/Mt	电炉钢比例/%	粗钢产量/Mt	电炉钢比例/%
日本	104.8	22.2	104.7	24.2	104.3	25.0
美国	78.5	67.0	81.6	68.4	86.6	68.0
韩国	68.6	30.7	71.0	32.9	72.5	33.4
德国	42.1	29.9	43.3	30.0	42.4	29.9
印度	95.5	57.9	101.5	54.5	109.3	55.1
意大利	23.4	75.7	24.1	80.3	24.5	81.6
法国	14.4	33.9	15.5	31.2	15.4	31.6
英国	7.6	19.4	7.5	19.9	7.3	22.2
瑞典	4.8	35.4	4.9	37.5	4.7	39.2
世界	1629.1	29.3	1732.2	27.5	1816.6	28.8

美国是世界主要产钢国，电炉钢产量较高，电炉钢比例也逐年提高，2017 年达到了 68.4%，原因是其有丰富的废钢和充足廉价的电力，使得电炉发展迅速。韩国及印度电炉钢发展及电炉钢比例情况与美国类似。

日本于 1985~1994 年 9 年间，电炉年生产能力增加了 2074 万吨（增加 73%），而高炉—转炉年生产能力降低了 2619 万吨。电炉钢产量比例由 29% 提高到 31.6%，1996 年电炉钢比例达到 33.3%。

欧洲 1978～1998 年 20 年间转炉钢与电炉钢产量的变化如下。

德国：转炉钢从 3150 万吨到 3200 万吨，增加 2%；电炉钢从 600 万吨到 1210 万吨，增加 102%。2006 年电炉钢比例达到 33.3%。

法国：转炉钢从 1790 万吨到 1210 万吨，减少 32%；电炉钢从 340 万吨到 810 万吨，增加 138%。

西班牙：转炉钢从 590 万吨到 430 万吨，减少 27%；电炉钢从 480 万吨到 1050 万吨，增加 119%。

意大利：转炉钢 1050 万吨，不变；电炉钢从 1230 万吨到 1550 万吨，增加 24%。

2008 年，意大利有 3 家转炉钢厂、37 家电炉钢厂，电炉钢比例为 64%；俄罗斯电炉钢比例为 29%。

也就是说，全世界电炉钢比例为 1/3，部分发达国家超过 1/2。近些年，中国粗钢产量、电炉钢产量及比例如表 1-7 所示。

表 1-7　中国电炉钢比例

年　份	2000	2001	2002	2003	2004	2005	2006	2007	2008	2009
粗钢产量/亿吨	1.285	1.516	1.823	2.223	2.829	3.532	4.190	4.893	5.1234	5.7707
电炉钢产量/亿吨	0.202	0.240	0.305	0.391	0.430	0.418	0.440	0.584	0.6341	0.5577
电炉钢比例/%	15.7	15.9	16.7	17.6	15.20	11.83	10.50	11.93	12.4	9.7
年　份	2010	2011	2012	2013	2014	2015	2016	2017	2018	
粗钢产量/亿吨	6.3874	7.0197	7.3104	8.2200	8.2231	8.0383	8.0761	8.7086	9.2826	
电炉钢产量/亿吨	0.6632	0.7095	0.6480	0.4844	0.5434	0.4746	0.5093	0.8100	1.0800	
电炉钢比例/%	10.4	10.1	8.9	5.9	6.6	5.9	7.3	9.3	11.6	

近十多年中国电炉钢产量一直在增加，但电炉钢产量比例总的趋势是降低的，尽管 1998～2003 年期间有所增加，尤其是 2003 年以后，但因房地产业的高速发展、建筑钢材需求大幅度增加、粗钢产量的猛增（这也是世界电炉钢比例回落的原因之一），以及废钢短缺、质量差、价格高，电力供应紧张、电价高，吨钢生产成本高，使得电炉钢增长的幅度减小、电炉钢产量比例降低，但电炉钢产量总的趋势还是在增加。

在钢的品种结构上，实现"全方位竞争"，电炉钢不但在传统的特殊钢和高合金钢领域继续保持其相对优势，而且在普钢领域表现出强劲的竞争态势。在产品结构上，电炉钢几乎覆盖了整个长材领域，诸如圆钢、钢筋、线材、小型钢、无缝管，甚至部分中型钢材等，并且正在与转炉钢争夺板材（热轧板）市场。

总之，电炉的发展加速了平炉的淘汰，并与转炉形成竞争，这种格局将在较长时期内存在。

1.6.2　发展对策

当前电炉钢发展面临的主要问题是如何使企业盈利和取得更大效益。主要对策有 3 条。

（1）生产高附加值产品。电炉钢成本较转炉钢高，电弧炉如果只生产转炉也能生产的产品，肯定竞争不过转炉，电弧炉必须生产一些高附加值的目前转炉还难以生产的品种。事实表明，我国那些以生产高附加值产品为主的电弧炉厂家是赚钱的。值得指出的是，要搞高附加值产品，必须提高产品的质量。在这方面，应注意两点：1）强化炉外精炼过程，生产低氧、硫含量的纯净钢。由于电弧炉冶炼周期的缩短，要求炉外精炼工艺在较短的时间内完成脱氧、脱硫、去夹杂的任务，为此，必须开发快速脱氧、脱硫、去夹杂技术，即强化炉外精炼过程。2）生产低氮电炉钢。电弧炉炼钢和转炉炼钢相比较，在以废钢为原料的电炉冶炼过程中，由于电弧区钢液易吸氮，钢中氮含量较高。为此，低氮电炉钢生产技术的研究开发成为电弧炉炼钢的热门课题，它有利于改善电炉钢质量，增加电炉钢品种，提高电弧炉流程产品的市场竞争能力。

（2）降低成本。以碳钢为例，电炉钢成本中，钢铁料约占60%，电能占10.5%，电极消耗约占5%。我国废钢价格及电费高，因此电炉钢的成本较高。要降低成本，首先要降低钢铁料成本，降低电耗和电极消耗。从这一点出发，有两项电弧炉技术特别值得重视，一是二次燃烧技术，二是电弧炉加热铁水技术。

（3）关注环保问题。采取必要措施，减少电弧炉冶炼过程对环境的污染，建立必要的环境保护法规。

 复习与思考题

1-1　废钢-电炉炼钢的基本任务是什么？
1-2　我国钢种编号遵循哪两个基本原则？
1-3　试述在优质碳素结构钢和合金钢的编号中，碳元素、合金元素含量的表示方法。
1-4　试述传统电弧炉炼钢的特点。
1-5　电弧炉炼钢的发展对策有哪些？

2 电弧炉炼钢用原料

电弧炉炼钢用原料按性质可分为金属料、非金属料。金属料包括废钢、废钢代用品、合金料;非金属料包括造渣剂、氧化剂、增碳剂、耐火材料等。

原材料是炼钢的物质基础,原材料的质量和供应条件对钢材的质量及炼钢生产的各项技术经济指标将产生重要影响。对电炉炼钢原材料的基本要求是:既要保证原料具有一定的质量和相对稳定的成分,又要因地制宜充分利用本地区的原料资源,不宜苛求。

2.1 废 钢

电炉炼钢是以采用废钢铁原料为主。除有富余铁水的情况可以兑入部分铁水外,电炉炼钢真正价值在于使用全废钢铁或全固体金属料(含直接还原铁)炼钢。废钢铁是电炉炼钢的主要原料,最多可以用到100%,吨钢消耗约1200~1500kg。

2.1.1 废钢的来源与分类

废钢按来源,可分为两类。

(1)返回废钢。这是厂内的返回废钢,来自钢铁厂的冶炼和加工车间,质量较好,形状较规则,大都能直接入炉冶炼。主要包括:废钢锭、坯、轧钢切头、切尾及废铸件等。

(2)外购废钢。这类废钢来源较广,成分和规格较复杂,质量差异大。有的废钢常混有各种有害元素和非金属夹杂,形状尺寸又极不规则,需要专门加工处理。主要包括:加工工业废料(机械、造船、汽车等行业废钢、车屑等);铁制品报废件(船舶、车辆、机械设备、土建和民用建材等);生活用品废钢。

废钢按其用途分为熔炼用废钢和非熔炼用废钢。熔炼用废钢按其外形尺寸和单件重量分为重型废钢、中型废钢、小型废钢、统料型废钢、轻料型废钢、轻薄废钢、渣钢等;熔炼用废钢按其化学成分分为非合金废钢、低合金废钢和合金废钢。

2.1.2 废钢的要求与管理

2.1.2.1 对废钢的一般要求

为了使废钢高效而安全地冶炼成合格产品,对废钢有下列要求。

(1)废钢表面清洁少锈。因为铁锈主要成分为 $Fe_2O_3 \cdot nH_2O$,受热分解后使钢中氢气增加,严重影响钢的质量。锈蚀严重的废钢会降低钢水和合金元素的收得率,对钢液质量和成分估计不准。废钢中应力求少粘油污、棉丝、橡胶塑料制品以及泥沙、炉渣、耐火材料和混凝土块等物。油污、棉丝和橡胶塑料制品会增加钢中氢气,造成钢锭内产生白点、气孔等缺陷。泥沙、炉渣和耐火材料等一般属酸性氧化物，会侵蚀炉衬，降低炉渣碱度，增大造渣材料消耗并延长冶炼时间。

（2）废钢中不得混有铜、铅、锌、锡、锑、砷等有色金属，特别是镀锡、镀锌等废钢。锌在熔化期挥发，在炉气中氧化成氧化锌使炉盖易损坏。砷、锡、铜使钢产生热脆，而这些元素在冶炼中又难以去除。铅密度大，熔点低不熔于钢水，易沉积炉底造成炉底熔穿事故。

（3）废钢中不得混有爆炸物、易燃物、密封容器和毒品，以保证安全生产。

（4）废钢要有明确的化学成分。废钢中有用的合金元素应尽可能在冶炼过程中回收利用，对有害元素含量应限制在一定范围以内，如对磷、硫应小于0.050%。

（5）废钢要有合适的块度和外形尺寸。对于电炉炼钢，过小的炉料，会增加装料次数，延长冶炼时间；过大、过重的炉料不能顺利装料，且因传热不好而延长冶炼时间。因此应对废钢进行必要的加工处理。一种是将过大的废钢铁料解体分小，另一种是将钢屑及轻薄料等打包压块，使压块密度提高至 $2500t/m^3$ 以上。经加工后的废钢尺寸应与炉容量相配合，电炉用废钢的合适尺寸如表2-1所示。

表2-1　电炉炼钢对炉料尺寸的一般要求

电炉公称容量/t	3	5	10	20～30	50	100
炉料最大截面/mm×mm	200×200	250×250	400×400	600×600	800×800	2000×2000
炉料最大长度/mm	400	500	600	800	1000	2500

2.1.2.2　废钢的管理

废钢的管理工作包括以下几个方面。

（1）废钢进厂后，必须按来源、化学成分、大小分类堆放。合金废钢严格按类分组管理，一般不得露天堆放。易混杂的废钢，如含镍废钢与含钨废钢不能相邻堆放。碳素废钢应按碳含量分组堆放。对成分不清或混号的废钢，采用砂轮火花（依火花的形状、颜色来判断碳钢的含碳程度）或手提光谱仪鉴别，有时可根据废钢外形结构与用途直观判定。

（2）废钢中的密封容器、爆炸物、有毒物、有色金属和泥沙应予以清除和处理。

（3）渣钢应尽量去除一些残渣，各种汤道也应尽量去除粘附的耐火砖。对搪瓷废钢及涂层废钢，可采用挤压加工去除涂层。含有油污、棉丝、塑料和橡胶的废钢，应预先在800～1100℃高温下烧掉。

（4）为使废钢能便于运送、装料和熔化，需将它加工成具有一定的尺寸和密度。重型废钢主要采用气割、剪切、落锤砸碎、爆破等法。轻薄废钢应予以机械或人工包捆。切屑须经破碎、去油、分选后用压块的方法使之致密。如要求获得很高质量的炉料，可将车屑先熔化成料锭，但因成本较高而不常采用。

2.1.3　废钢的合理使用

中国是世界上废钢消费量较大的国家之一，目前国内的废钢社会积累较少，所产钢材有40%左右是建筑和结构用钢，很难产生废钢，因而废钢产生量少，钢铁产量增长的金属来源主要靠铁矿石,同时依靠进口国外废钢(如美国、日本等国)。由于废钢资源紧缺,供需不平衡,废钢市场价格长期保持在高位的运行态势,因此解决电炉所用金属料的问题已经越来越突出。

同时,随着废钢多次循环使用以及涂镀层钢铁制品的增加,废钢中有害杂质不断增加,特别是 Sn、As、Cu、Sb 等,它们在冶炼时大多无法或难以去除而成为钢中的残留元素。这些有害元素在钢水凝固时多数在晶界析出,钢坯在高温加热时,又在表面富集,因此形成了低熔点区,极易形成热脆。钢的塑性、延伸率、冲击韧性降低。部分合金结构钢中五害元素(Pb、As、Sb、Bi、Sn)增加,在 320 ~ 400℃ 或 520 ~ 570℃ 回火处理时引起回火脆性,尤其对中温长期应用的更为危险。五害元素的增加还会导致钢的焊接冷裂纹敏感性,在板材上影响成型性。因此,应将五害元素控制在一个较低的水平。对优质合金结构钢,五害元素含量应分别控制在不大于 0.02%。为此,可采用以下措施:

(1) 在入炉原料中配入一部分直接还原铁和生铁(或热装铁水)起稀释作用。

(2) 用机械方法或化学处理工艺去除循环旧废钢中的有害杂质元素,但会增加成本。

2.1.4　废钢中有害残余元素的去除技术

2.1.4.1　去除废钢中有害元素的方法分类

20 世纪 60 年代以来,许多冶金工作者致力于研究钢中夹杂物和残余元素对钢质量的影响。这些研究使人们认识到:随着废钢循环次数的增加,其中有害残余元素在钢中不断富集,严重影响钢的质量。寻求如何有效地去除废钢中有害元素的技术已引起各国普遍关注。日本于十多年前开始废钢再生项目的研究,开发出一系列去除并回收废钢中有害元素的技术。其中较为典型的废钢处理技术包括:预处理,如压碎和分离;废钢处理技术,如去除锡、铜、锌等;预热和熔炼废钢;灰尘和废气的处理等。美国提出了冰铜反应法和气固反应法去除废钢中的铜。欧洲一些国家发展了电化学方法去除并回收锡和锌,并实现了工业化处理镀锡板和镀锌板。去除废钢中有害元素的方法大致可分为物理去除法和化学去除法,见表 2-2。

表 2-2　废钢中有害残余元素的去除方法

物理去除法	化学去除法
低温破碎法(Cu) 熔剂法(熔铝去铜) 自动分选法	热氧化法(Sn,Zn) 选择性氧化法(Cu) 蒸气压法(Zn,Sn) 电化学法(Sn,Zn) 冰铜反应法(Cu)

根据废钢及其中残余有害元素的存在状态,可分为固态处理方法和液态处理方法(后者严格来说不是对废钢进行处理)。由于废钢中残余元素在液态钢液中的活度系数小,故其活度远小于在固态废钢中的活度。在固体状态,以纯物质为标准态,废钢中有害元素的活度可视为 1,即 $a_i = 1$($i =$ Cu、Zn、Sn 等),所以固态处理方法热力学条件较好。

去除废钢中铜、锡及锌元素可采用图 2-1 的工艺路线。

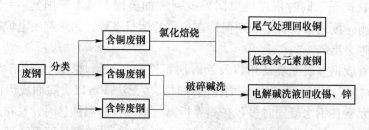

图 2-1　去除废钢中铜、锡及锌元素工艺路线简图

2.1.4.2　废钢去铜技术

废钢中 90% 以上的铜是以铜线或沉积物的形式存在。通常废钢中平均铜含量约为 0.35%，有的甚至为 0.45% ~ 0.60%。传统的脱铜方法有：稀释法、优先熔化法、物理分离法。稀释法是利用不含铜的钢水或铁水来稀释含铜钢水，将铜含量降至合理范围，此法简单易行，但不能从根本上解决问题。从严格意义上来说，稀释法（以及钢水脱铜）并不是废钢处理方法。优先熔化法是利用铜的熔点比铁低而将铜加以分离的，但液态铜易浸润废钢，且易与铁合金化，因此去除效果不佳。除上述传统脱铜方法外，近年来还开发了一些新方法，如融铝去铜法、冰铜反应法、气—固相反应法等。

（1）融铝去铜法。日本京都大学冶金系 M. Iwase 等人开发了融铝法去铜技术。由 Al-Cu，Al-Fe 相图可知，在 1300K 以下铜在铝中的溶解度远高于铁，且铜在铝中的活度系数很小，所以废钢中铜优先溶于铝液中。对含铜小于 0.063% 的废钢进行铝熔 2 ~ 20min（氩气搅拌）发现在 1023K 下，10min 可去铜 90% 以上，即使铝中铜含量达 60%，处理 20min 便可达到理想程度。在此基础上，为减少废钢表面黏附的 Al-Cu 合金及分离它们，并回收 Al-Cu-Fe 合金中铝、铜等，提出了二步法和电解三层法。此法虽简单易行，而且通过电解后还可回收铜和铝，但不易实现规模处理和连续操作。

（2）冰铜反应法。Carnegie Mellon 大学材料与冶金工程系 A. W. Cramb 等人提出了冰铜反应法去铜。由 FeS-Na_2S 相图可知，FeS-Na_2S 系有较大的液相区，在 1273K 时，FeS 含量在 15% ~ 18% 范围内均为液相，其反应为：$2Cu(s) + FeS(l) = Cu_2S(l) + Fe(s)$，液态 $FeS(l)$ 以固态 $Fe(s)$ 的形式析出，而废钢中铜以液态 $Cu_2S(l)$ 的形式溶入冰铜，$Cu_2S(l)$ 与液态冰铜几乎完全互溶。随着 Cu_2S 含量的增加，冰铜的流动性增强，有利于冰铜与废钢分离。加入 Na_2S 可降低 Cu_2S 的活度，从而改善去铜的热力学条件。实验表明：最佳温度为 1273K，冰铜（82% FeS-18% Na_2S）反应进行大约 7min，铜完全溶入冰铜。此法由于废钢表面不可避免地黏附有冰铜，导致钢中硫增加，使脱硫负担加重。

（3）气—固相反应法。美国矿业局 A. D. Hartman 等人依据选择性氯化原理，利用空气-氯化氢混合气体去除废钢中的固体铜。从热力学上计算出理论工作温度为 900 ~ 1173K。在此温度范围内可保证铜生成气体氯化铜而去除，而铁生成氧化物，并限制氯化铁的生成。采用 73.6% 空气与 26.4% 氯化氢混合气体处理经过破碎的汽车废钢（25kg，含铜 0.45kg）。实验结果表明：923K，去铜率可达 92%，氧化的铁量为 4.5% ~ 12%。去铜率随着温度的提高而增加，为防止铁损失过大，合适的工作温度为 1073K，以确保废钢表面形成氧化铁薄层（主要成分为四氧化三铁、少量的三氧化二铁和氧化亚铁），防止铁与混合气体继续反应，并获得合理的蒸气压以保证气体产物排除。此法在热力学上可行，但是气体 HCl 溶于水对管道的腐蚀作用很强，对反应器要求较高。

东北大学研究生张光德根据氯化冶金原理，提出了以空气和氯气为氯化剂，采用气阀相反应法去除废钢中的铜，并通过尾气处理回收铜或铜的化合物。此方法去除效果很好。在实验条件下，得到的最佳热力学条件：处理温度为 1073K，氯气含量为 15%，并研究了氧化气氛下铜的氯化过程动力学特征。该方法从废钢去铜的反应条件上来看，利用电炉炼钢过程产生的高温废气去除废钢中的铜等有害元素，比如利用竖炉或炉料连续加入式电炉预热法去除废钢中铜等有害元素，将起到事半功倍的作用。这不仅利于提高废钢处理水平，提高钢材质量，而且有利于实现集中化、规模化处理。

2.1.4.3 液相去铜技术

北京科技大学研究钢液脱铜（严格来说应为二次精炼），提出了两种钢液脱铜方法：铵盐脱铜法和反过滤法脱铜。

（1）铵盐脱铜法。氯化铵在高温下分解为 NH_3 和 HCl 气体。氨气在高温下分解产生化学势很高的初生态氢（H）及氮（N），它们极易与钢液中的铜原子化合成 CuH 和气体，即 $[Cu] + H = CuH(g)$ 与 $x[Cu] + yN = Cu_xN_y(g)$。

HCl 气体与钢液中铜发生反应：$2[Cu] + HCl = CuCl + CuH(g)$；通过以上反应将钢液中的钢去除，其实验室结果见表 2-3。

表 2-3 不同脱铜剂脱铜效果比较

实验号	系统压强 /Pa	钢水量 /g	脱铜剂 种类	脱铜剂量 /g	钢液铜含量/%		脱铜率 /%	每克脱铜剂 脱铜量/g
					处理前	处理后		
1	常压	424	氯化氨	3.25	0.60	0.41	31.7	0.25
2	常压	282	尿素	4.10	1.15	0.90	21.7	0.17
文献	107~200	1000	氨气	137	0.331	0.0006	99.8	0.24

（2）反过滤法脱铜。反过滤法的脱铜原理在于：在炼钢温度下，铜液可以浸润某些耐火材料而钢液不浸润。这样，可以利用这些耐火材料吸附钢液中的铜。实验用一定量的 $Zn-Al_2O_3-Al$ 或 $Zn-Al_2O_3-C$ 作为脱铜剂，结果表明：每克脱铜剂大约可脱铜 0.23g。

由于有害残余元素在钢液中的活度系数较低，液相去除较为困难。当钢液中有害元素含量较高时，在炼钢条件下很难去除到理想程度，而且铜等有色金属也不能得到有效的回收。

2.1.4.4 废钢去锌技术

废钢中锌的来源主要是汽车用的镀锌钢板。随着汽车工业的发展，镀锌钢板在汽车用钢中的比例增加。例如日本丰田公司汽车用镀锌钢板，由 1975 年的不到 10% 增加到 1990 年的 80% 以上。镀锌量由 1975 年的 $30~40g/m^2$ 上升到 1990 年的 $60g/m^2$。这势必造成废钢中锌含量增加，给冶炼过程带来一系列不利因素：缩短炉衬寿命、恶化工作条件、降低浇注质量。因此，在废钢入炉前去除锌很有必要。锌的去除方法主要有机械去除法、蒸气压法和电化学法。

（1）机械去除法。此法多采用喷丸技术。其理论依据是：在 923K，锌与铁可形成脆性的相间化合物，因此可通过机械法将锌和铁分离。实验结果表明：在 1023K 仅靠烘烤可去锌 23%，室温下喷丸处理可去锌 30%。如果两者结合，在 973K 烘烤后喷丸 2min 即可去锌 67%；1023K 烘烤后喷丸 5min 可去锌 87%。可见喷丸直接影响去锌效果，适宜的温度为 973 ~ 1023K。

（2）蒸气压法。锌具有较高的蒸气压，可在废钢熔化过程中将其以炉尘的形式去除。但考虑到锌在钢液中存在会缩短炉衬寿命、恶化工作条件，一般应在入炉前将其去除。

（3）电化学法。如果着眼于回收再利用锌，则多采用电化学方法。在经济上和技术上行之有效的方法是碱液浸析技术。首先对废钢通电使锌溶于 NaOH 溶液，此时锌以锌酸钠形式存在，然后再电解母液，使锌在阴极上以粉状沉淀析出。此法的去除效果很大程度上依赖于废钢的打包密度、处理时间和搅拌强度。

欧洲发展了去锡和去锌电解系统，工业性设备能力超过 18 万吨/年。荷兰开发的碱洗电解工艺的实验工厂，1996 年共处理镀锌钢板 8000t。到 1997 年 2 月，月处理能力达 3000t。处理后，锌含量为 55×10^{-6}，钠含量为 5×10^{-6}，回收的锌压块含锌及其氧化物 99%。

2.1.4.5　废钢去锡技术

含锡废钢一般为镀锡板和家电产品。锡虽然能增强钢的硬度和强度，但降低了延展性和抗冲击性，而且会助长钢中铜引起的热脆性。锡的去除主要有蒸气压法、溶剂法和电化学法。

（1）蒸气压法。锡是以 SnS 的形式去除的，其蒸发过程受钢液中硫含量和温度的影响，硅的存在可加速 SnS 的蒸发，另外碳对 SnS 蒸气压的作用也不容忽视。

（2）溶剂法。溶剂法通常利用 NaOH 溶液。铃木等人认为，当溶液中 NaOH 浓度为 0.1mol/kg 时，对锡具有最大的溶解速度。当用碱性溶液作电解质电解含锡废钢时，该溶液不但可软化漆层，而且可使 $w[Sn] \leqslant 0.02\%$。

传统的废钢处理工艺，如人工分离、破碎磁选等，大多采用物理方法，不仅费时、费力，而且处理效果不尽理想，难以实现规模化，采用化学处理工艺已成为主要发展方向。

在循环废钢产出量大的炼钢厂，尤其是电炉钢厂相对集中的地区，对废钢进行集中和批量处理，去除并回收其中有害元素，并进行压块或打包等加工，为炼钢厂提供低残余元素的废钢，将形成一个新兴产业——废钢处理业。在目前废钢市场上，废钢中残余元素每降低 0.1%，废钢价格升高 7 美元/吨以上。因此，实现规模化集中批量处理废钢中有害元素，其经济前景很好。

2.2　废钢代用品

随着科技的发展和生产规模的不断扩大，以及冶炼优质钢种的要求和降低生产成本，电炉炼钢用金属料不仅仅局限于废钢，越来越多的废钢代用品（Steel Scrap Substitute，简称 3S）应用于现代电炉炼钢生产。

目前已用于生产中的废钢代用品有：生铁与铁水，直接还原铁产品（DRI 与 HBI），以及碳化铁等。它们具有共同的优点：

（1）杂质元素含量低，其中微量元素铜、锌、锡、铅、镍、钼等均为痕量，可以对废钢中的残余元素进行稀释；

（2）去氮效果好，因其碳含量高，熔化过程产生大量的 CO，去气效果好。

因此，废钢代用品的使用，不仅可以弥补废钢的不足，而且能够提高钢水的清洁度，生产高质量的钢种。

2.2.1　直接还原铁

电炉炼钢采用直接还原铁替代废钢，不仅可以解决废钢供应不足的困难，而且可以满足冶炼优质钢的要求。

直接还原铁（DRI，Directly Reduced Iron）是以铁矿石或精矿粉球团为原料，在低于炉料熔点的温度下，以气体（CO 和 H_2）或固体碳作还原剂，直接还原铁的氧化物而得到的金属铁产品。

世界上生产直接还原铁主要有两大流程，一是气基法（以天然气或煤气做还原剂，采用竖炉），二是煤基法（使用煤做还原剂，多用回转窑做还原反应器）。不管是气基法还是煤基法，直接还原的铁产品可以有三种形式：

（1）海绵铁。块矿在竖炉或回转窑内直接还原得到的海绵状金属铁。

（2）金属化球团。使用铁精矿粉先造球，干燥后在竖炉或回转窑中直接还原得到的保持球团外形的直接还原铁。

（3）热压块铁（HBI，Hot Bricqueted Iron）。把刚还原出来的海绵铁或金属球团趁热加压成形，使其成为具有一定尺寸的块状铁，一般尺寸多为 100mm×50mm×30mm。经还原工艺生产的直接还原铁在高温状态下压缩成为高体积密度的型块，且具有高的电导率和热导率，可促进熔化和减少氧化所造成的铁损。热压块铁的表面积小于海绵铁与金属化球团，在保管或运输过程中不易氧化，在电炉中使用时装炉效率高。目前，全世界所生产的直接还原铁中热压铁块的比例在逐年增加。

直接还原铁的特点是含铁高（金属化率为 85% ~90%），杂质（Pb、Sn、As、Sb、Bi、Cu、Zn、Cr、Ni、Mo、V 等）通常为痕量，含磷、硫低（硫一般小于 0.01%，磷一般为 0.01% ~0.04%。热压块铁略高些，硫 0.01% ~0.04%，磷 0.07% ~0.10%），孔隙度高（其堆密度在 1.66 ~3.51t/m³）。

电弧炉对直接还原铁的要求为：金属铁（Fe + Fe$_3$C）含量约 80%，全铁量在 87% 以上，硫含量低于 0.03%，磷含量低于 0.08%，脉石含量应尽可能低。粒度为 8 ~22mm，堆密度大于 2.7t/m³。根据电弧炉装备情况，电弧炉使用直接还原铁的用量在 20% ~70%，以配入 50% 左右较为经济。一般为 25% ~30%，目前也有使用 100% DRI 冶炼的。装料方式有分批装料和连续装料，多采用从炉盖第 5 孔连续装料方式。

采用 DRI 炼钢有如下优越性：（1）钢中有害元素 Sn、Sb、As、Bi 含量大幅度降低，提高了钢材断裂韧性、热加工塑性、冷加工可塑性；（2）钢中 S、P 含量降低，提高钢材冲击韧性，降低脆性转变温度；（3）缩短电炉精炼期，提高 Ni、Mo 等有价元素收得率；（4）降低钢中 H 及 N 含量；（5）用 DRI 炼优质合金钢热变形能力良好，适合于作深冲钢板；（6）用煤基回转窑法生产 DRI 可不经冷却直接热装电炉，可提高电炉生产率。

不利影响：（1）因还原不充分，一部分铁以 FeO 形式存在，冶炼过程中还原这部分铁要大量吸热，会直接影响到电炉能量输入增加；（2）脉石含量，特别是酸性脉石，势必造成石灰等碱性熔剂增加，渣量增大，导致炼钢电耗加大，炉衬侵蚀加重；（3）以单位铁源计算，DRI 比废钢与生铁都贵，会增加炼钢炉料成本。

在我国，煤炭资源丰富，而石油及天然气供需不平衡，因此，发展煤基直接还原铁更适合我国资源条件。煤基直接还原流程成熟的工艺是德国的 SL/RN 法、英国的 DRC 法、法国的 Codir 法等。国内本钢南芬矿、辽阳棉花堡矿、山东金岭矿、太钢尖山矿、陕西大南沟矿、安徽霍邱矿及海南矿均符合 DRI 要求，有一定资源条件。天津大无缝钢管厂引进英国 Davy 公司关键技术及设备，兴建了年产 30 万吨 DRI 的两条 $\phi5m \times 80m$ 回转窑生产线。

天津钢管公司 150t 超高功率电炉所使用直接还原铁的基本数据如表 2-4 所示。

表 2-4　天津钢管公司 150t 超高功率电炉所使用直接还原铁的基本数据（质量分数）

来源	TFe /%	MFe /%	金属化率 /%	S/%	P/%	C/%	$SiO_2 + Al_2O_3$/%	$CaO + MgO$/%	As、Sn、Sb、Bi、Pb、Cu/%	粒度 /mm	堆密度 /t·m^{-3}
南非矿	92.0	≥83.5	≥91.0	<0.013	<0.06	<0.2	5.5	1.0	<0.002	4~25	1.8
巴西矿	94.0	≥85.5	≥91.0	<0.013	<0.05	<0.2	3.0	0.5	<0.002	4~25	1.8
秘鲁球团	94.0	≥85.5	≥91.0	<0.013	<0.03	<0.2	3.0	1.0	<0.002	4~20	1.9

2.2.2　铁水

铁水是以液态形式存在的铁-碳合金。现在越来越多的电炉炼钢采用兑铁水工艺，如韶钢、安钢、武钢、莱钢、鄂钢等。

电炉使用铁水的主要原因是：（1）利用铁水的显热降低冶炼电耗，降低生产成本；（2）有利于形成熔池，提前大功率供电，有利于造泡沫渣，降低钢水中的氮含量；（3）有害残余元素含量低。

目前，电炉热装铁水的方式和装入量各不相同。有的采用溜槽，以 1~5t/min 的速度加入（如安钢、韶钢）；有的像转炉一样整包倒入。铁水装入量方面，普遍认为装入 30%~50% 左右是较合适的。

由于各厂高炉使用的原料不同，因此铁水的成分差别也较大。部分厂的铁水成分如表 2-5 所示。

表 2-5　电炉钢厂使用的铁水成分

厂　家	化学成分（质量分数）/%				
	C	Si	Mn	P	S
莱钢	4.4	0.60	0.50	0.070	0.030
天管炼钢厂	4.25	0.46	0.18	0.065	0.040
淮钢	4.20	1.02	0.54	0.067	0.033
韶钢	4.2	0.50	0.70	0.110	0.040

2.2.3 生铁

与铁水相比，生铁没有显热，但成分与铁水相似。生铁在电炉炼钢中使用，其主要目的在于提高炉料或钢中的碳含量，并解决废钢来源不足的困难。由于生铁中含碳及杂质较高，因此炉料中生铁块配比通常为 10% ~ 25%，最高不超过 30%。电炉炼钢对生铁的质量要求较高，一般 S、P 含量要低，Mn 不能高于 2.5%，Si 不能高于 1.2%。

生铁中金属残余元素含量很低，因而含 S、P 较低的生铁也是一种冶炼优质钢的金属炉料。巴西 MJS 公司十多年来在 84t UHP 电炉炉料中配加 35% 的冷生铁，效果很好。电耗、电极和耐火材料的消耗降低，冶炼时间缩短，生产率提高，仅吹氧管消耗和石灰消耗略有增加。其中氧耗增加 $1 m^3/t$，相应节电 $3.6 kW \cdot h/t$。同时由于吹氧脱碳沸腾时的脱气作用，钢水中氮含量（比全废钢冶炼）显著降低。加之生铁中残余元素含量很低($w(Cu + Cr + Ni + Sn) = 0.04\%$)，因而钢质量达到了优质钢的要求。

为了降低生产成本，在炉料中可配入部分废铁来代替生铁，如废钢锭模、中注管外套、废铸铁件。一般来说废铁中杂质含量都高于生铁，炼优质钢宜慎用，冶炼普碳钢配入量应不大于 10%。

电炉有时用软铁以调低还原期碳含量，随着电炉大量采用吹氧工艺和低碳铁合金的使用，目前软铁使用较少。

电炉炼钢用生铁分为配料生铁和增碳生铁两种，其成分如表 2-6 所示。

表 2-6　电炉炼钢用生铁成分表　　　　　　　　　　　　　（%）

名称	代号	C	Si	Mn	P（不大于）			S（不小于）		
					1级	2级	3级	1级	2级	3级
配料生铁	P08	≥2.75	≥0.85		0.15	0.20	0.40	0.30	0.05	0.07
	P10	≥2.75	0.85 ~ 1.25		0.15	0.20	0.40	0.03	0.05	0.07
增碳生铁	S10	≥2.75	0.75 ~ 1.25	0.50 ~ 1.00	0.07	0.07	0.07	0.04	0.05	0.06
	S15	≥2.75	1.25 ~ 1.75	0.50 ~ 1.00	0.07	0.07	0.07	0.04	0.05	0.06

增碳生铁主要是精炼过程钢中碳含量达不到要求时，可用经过烘烤，表面清洁少锈的低磷硫生铁作为增碳剂。但为了防止钢杂质过多，精炼过程加入的生铁不宜过多，其增碳量一般不大于 0.05%。目前有碳线、增碳球等用于增碳，精炼过程用生铁增碳已越来越少。

2.2.4 碳化铁

生产碳化铁的基本原理是将铁矿石送进具有一定温度、压力的流化床反应器中，通入预热的工业气体（CO、CO_2、CH_4、H_2、H_2O）与其发生反应生成碳化铁，其反应式为 $3Fe_2O_3 + 5H_2 + 2CH_4 = Fe_3C + 9H_2O$。碳化铁成分如表 2-7 所示。

表 2-7　碳化铁成分　　　　　　　　　　　　　（%）

成　分	Fe_3C	Fe_2O_3	$SiO_2 + Al_2O_3$	MFe	Fe	C	O
含量范围	88 ~ 94	2 ~ 7	2 ~ 4	0.5 ~ 1	89 ~ 94	6 ~ 6.4	0.4 ~ 1.4
典型含量	92	2	2	1	90.8	6.2	1.0

由表2-7可见，碳化铁中含碳量高达6%，可满足现代电弧炉炼钢高配碳的要求。碳化铁具有以下优点。

（1）有利于电炉低氮钢的生产。电弧炉喷吹碳化铁炼钢时，钢中的氮含量从0.007%降到0.003%~0.004%。

（2）有利于造泡沫渣。使用碳化铁作为原料时，即使不向熔池喷吹炭粉也能很好地造泡沫渣。

（3）有利于降低脱硫成本。碳化铁洁净，硫、磷含量低，一些扁平材生产厂使用部分碳化铁取代炉料中铁水，使钢水中原始硫含量降低，从而降低吨钢脱硫成本。

（4）有利于节能。碳化铁可在电炉第五孔加入，无需开启炉盖，减少了温度损失。

2.2.5 脱碳粒铁

脱碳粒铁的全称为脱碳粒化生铁，是在高炉出铁时，经过高压水淬火，制取不同粒度（3~10mm）的粒化生铁，然后将其装入回转窑，加热至一定温度，在回转窑旋转过程中，通入一定量的混合气体，对生铁进行脱碳，得到可供电炉炼钢所用的原料。脱碳粒铁的成分如表2-8所示。

表2-8 脱碳粒铁的典型成分

元素	C	Si	S	P	FeO	Co	其他金属杂质
含量/%	<1.5	0.6	<0.04	<0.05	<5	<0.01	<0.007

电炉使用脱碳粒铁具有以下优点。

（1）脱碳粒铁脉石含量较直接还原铁低1%~3%，可降低电耗约10%。

（2）脱碳粒铁中硫、磷含量低，其他杂质元素也较直接还原铁低。

（3）脱碳粒铁表面少量的FeO有利于电炉造泡沫渣。

2.3 合 金 料

铁合金主要作炼钢的脱氧剂和合金元素添加剂。铁合金的种类可分为铁基合金、纯金属合金、复合合金、稀土合金、氧化物合金。电炉常用的铁合金有：锰铁、硅铁、铬铁、钼铁、钨铁、钛铁、钒铁、硼铁、铌铁、镍和铝等。

对铁合金总的要求是：合金元素的含量要高，以减少熔化时的热量消耗；有确切而稳定的化学成分，入炉块度应适当，以便控制钢的成分和合金的收得率；合金中含非金属夹杂和有害杂质硫、磷及气体要少。

2.3.1 常用的合金材料

常用的合金材料主要有以下一些种类。

（1）锰铁。锰铁是炼钢生产中使用最多的一种脱氧剂和合金化剂。锰铁随含碳量的增加而成本降低，在保证钢质量的基础上尽量采用含锰约75%的高碳锰铁。在冶炼低碳高锰钢和低碳不锈钢等钢种时可使用低碳锰铁或用金属锰。

（2）硅铁。硅铁也是炼钢生产中常用的一种脱氧剂和合金化剂。硅铁按含硅量45%、

75%和90%分为三种。含硅45%的硅铁比含硅75%的硅铁的密度大，因而增硅能力也要大些，一般用作沉淀脱氧和增硅的合金材料。含硅75%的硅铁既可用于沉淀脱氧也可磨成粉状用于扩散脱氧，它是传统电炉用量最大的一种。含硅90%的硅铁用于冶炼含铁较低的合金。含硅在50% ~60%左右的硅铁极易粉化，并放出有害气体，一般不应生产和使用这种中间成分的硅铁。

硅铁中含有一定量的锰、铬、磷、硫、铝（1.0% ~1.5%）、钙（约1.0%）等杂质成分。其中磷、硫含量一般要求越低越好。对于锰、铬、铝、钙含量，应视冶炼钢种、浇注方法及水口直径大小等因素以确定其有害程度和限量范围。因硅铁吸水性较强，应存放在干燥处，必须经烘烤后使用。

（3）铬铁。铬铁按照含碳量的多少分为高碳铬铁、中碳铬铁、低碳铬铁、微碳铬铁、金属铬和真空压块铬铁等多种，主要用于含铬钢种的合金化。铬可以和碳形成各种稳定的碳化物，故铬铁含碳越低，冶炼越困难，成本也越高。在冶炼一般钢种时，应尽量使用高碳铬铁和中碳铬铁。除金属铬和真空铬铁外，所有铬铁的含铬量都波动在50% ~65%之间。在冶炼低碳或超低碳不锈钢或镍铬合金时，可使用微碳铬铁或金属铬。铬铁中往往含有较高的硅，在大量使用铬铁时应控制脱氧剂硅铁粉的用量，以免因硅高而出格。

（4）钨铁。钨铁用于冶炼高速钢及含钨钢的合金化。钨铁含钨量波动在65% ~80%之间。钨铁熔点高，密度大，在冶炼中宜尽早加入。钨铁的块度不能大于80mm，加入熔池后应加强搅拌。

（5）钼铁。钼铁主要用于含钼结构钢、高速钢、不锈钢和耐热钢等钢种的合金化。钼铁的含钼量波动在55% ~60%之间。钼铁熔点较高，钼不易氧化，可在氧化期加入。为了降低钢的成本，冶炼低钼钢时可用含钼30% ~40%的钼酸钙（$CaMoO_4$）代替钼铁。钼酸钙含磷较高（0.4% ~0.5%），只可用在氧化法冶炼上，而且须在熔清前或氧化初期加入。

（6）钛铁。钛铁一般用于冶炼含钛钢种的合金化。在炼制含硼和含铝的钢种时又可作为脱氧剂。钛铁中钛含量在25% ~27%之间。钛和氧、氮的亲和力很强，钢中加入钛元素后有良好的脱氧效果，并能和钢中的氮生成稳定的氮化物。钛又是极强的碳化物形成元素，炼制不锈钢时可以防止碳化铬的形成，从而防止晶间腐蚀。钢中加入0.10%左右的钛，不仅可以细化晶粒，而且还可提高钢的强度、韧性。钛铁中含有较多的硅和铝，加入时应考虑钢中硅、铝含量，防止硅、铝出格。钛铁的密度较小，须以块状加入，并经干燥后使用。

（7）钒铁。钒铁主要用于钢的合金化。钒在钢中与碳有较强的亲和力，形成高熔点的碳化物。钒的碳化物有显著的弥散硬化作用，从而提高钢的切削性、耐磨性和红硬性。钒铁也是一种比较好的脱氧剂，而且适量的钒还能起到细化晶粒的作用。钒铁中钒含量在40% ~75%之间。钒铁中磷含量较高，炼高钒钢时应注意控制钢中的磷含量。钒铁中的硅、铝含量也是比较高的。

（8）硼铁。硼铁用于冶炼含硼钢种的合金化。钢中加入微量的硼可以显著提高钢的淬透性，改善钢的力学性能，并能细化晶粒。硼易与氧和氮化合，加入前应先充分脱除钢中的氧和氮。硼铁加入前须经低温烘烤并以块状加入。

（9）铌铁。铌铁用于冶炼含铌钢种的合金化。用于不锈钢、高速钢及部分结构钢的合金化。铌在钢中的作用大体与钒相似，铌和碳、氮、氧均有较强的亲和力，并能形成相应的比较稳定的各类化合物。铌能细化钢的晶粒，提高钢的强度、韧性和蠕变抗力。铌能改善奥氏体不锈钢的抗晶间腐蚀性能，同时还提高钢的热强性。铌和钽在矿床中是共生元素，由于它们性质相近，所以难以提取分离，实际上是铁、铌、钽合金。铌铁化学成分以铌+钽在50%~70%之间。杂质成分主要有铝、硅、铜等元素。铌铁熔点较高（1400~1610℃），还原条件下加入时应充分预热，而且块度要小。

（10）镍。镍用于不锈钢、高温合金、精密合金以及优质结构钢的合金化。金属镍含镍和钴的总量达99.5%以上，其中钴小于0.5%。金属镍中含氢量很高，还原期补加的镍须经高温长时间烘烤。

（11）铝。铝是强脱氧剂，也是合金化剂。脱氧用铝含 Al 量在98%以上。大多数钢种都用铝作为最终脱氧剂，并用以细化奥氏体晶粒。在某些耐热钢和合金钢中，铝又作为合金化材料加入。

铝以铝铁（含 Al 量20%~55%）形式加入，或以硅铝铁合金、硅铝钡铁合金加入时，由于其密度较大，铝的收得率较高。

2.3.2　常用的脱氧材料

脱氧剂主要用于还原期对钢液进行脱氧，或在返回吹氧法工艺的氧化末期，为回收渣中的合金元素对炉渣进行还原以及对夹杂物进行形态、大小、分布控制或变性处理。脱氧剂对钢液也具有脱硫作用。

电弧炉炼钢常用的脱氧剂大致分为块状脱氧剂和粉状脱氧剂两类。块状脱氧剂一般用于沉淀脱氧，粉状脱氧剂一般用于扩散脱氧。

（1）Si-Mn 合金。形成的脱氧产物可能有：固相的 SiO_2、液相的 $MnO \cdot SiO_2$（或 $2MnO \cdot SiO_2$）、固溶体 MnO-FeO，与脱氧元素的平衡浓度有关。脱氧产物的状态与脱氧后钢液中 $w[Mn]/w[Si]$ 有关，保持 $w[Mn]/w[Si] > 4$（以 6~7 脱氧效果最好）时，可获得液态的产物。由于脱氧产物形成了低熔点化合物，因此易于聚合及排出。同时，Si-Mn 合金脱氧比硅单独脱氧能力强，所以锰能提高硅的脱氧能力。

（2）硅铝铁合金。它的脱氧产物是 $FeO \cdot SiO_2 \cdot Al_2O_3$ 系，在此三元相图中，靠近 FeO 组成角的大部分成分，是低于钢液温度的氧化物熔体。国内的相关试验表明，硅铝铁中铝的收得率比使用金属铝提高46.3%~85.4%。其原因是：1）硅铝铁的密度比金属铝高一倍，加入钢中时上浮明显减慢，有利于合金向钢中的溶解。2）检验证实脱氧产物为低熔点物质，因此溶解速度加快。3）合金密度高于熔渣，上浮后可以悬浮在钢渣界面上，仍可继续溶解。硅铝合金的化学成分（$w/\%$）：Al 45~50；Si 15~30；Fe 余量；S < 0.05；P < 0.10；C < 0.5；杂质含量 < 1.0。它的熔点为1070℃，密度为4300~4500kg/m³。

（3）硅铝钡铁合金。加入方式与加硅铝铁合金相同，出钢量为 1/5 时开始加硅锰铁，补加硅铁或高锰铁或其他合金，最后加硅铝钡铁合金（$w[Si] = 18\% ~ 22\%$、$w[Al] = 38\% ~ 42\%$、$w[Ba] = 7\% ~ 8\%$、Fe 余量），出钢至 4/5 时加完。有文献指出，使用硅铝钡铁合金比硅铝铁合金铝的收得率提高 4.8%（节约铝的用量）；由于能够形成 $BaO \cdot SiO_2$，

$BaO \cdot Al_2O_3$，$2BaO \cdot FeO \cdot 2SiO_2$ 等复合化合物，容易集聚排除，所以钢中氧化物夹杂总量平均减少 29%，同时板材力学性能得到改善。连铸钢水可用 Al-Ba-Si 合金代替铝终脱氧以防水口堵塞，因此，一些转炉厂用它取代投入法加铝块及硅铝铁合金等脱氧剂。它的熔点为 1050 ~ 1200℃，密度为 3240 ~ 3380kg/m³。

（4）Si-Mn-Al 合金。它的成分为：$w[Al] \approx 5\%$、$w[Si] \approx 5\%$、$w[Mn] \approx 10\%$，其余为 Fe，它的脱氧产物可能有：$3MnO \cdot Al_2O_3 \cdot 3SiO_2$（硅铝榴石），$2MnO \cdot Al_2O_3 \cdot 5SiO_2$（蔷薇辉石），$Al_2O_3$（$w[Al_2O_3] > 30\%$）。为控制夹杂物成分在低熔点范围，钢中 $w[Al] \leq 0.006\%$，$w[O]_总$ 可达 0.0020%，而无 Al_2O_3，钢水可浇性好，不堵塞水口。

（5）Si-Ca 合金。其成分为：$w[Si] = 55\% \sim 65\%$、$w[Ca] = 24\% \sim 31\%$、$w[C] = 0.8\%$，它是 $CaSi_2$、FeSi 及自由 Si 的共熔物。熔点 970 ~ 1000℃，密度 2500 ~ 2800kg/m³，它的脱氧产物是硅酸钙（$2CaO \cdot SiO_2$），但常在 Al 脱氧后加入，能生成液态的铝酸钙 $C_{12}A_7$，提高 Al 的脱氧能力及改变 Al_2O_3 夹杂物的形态。硅不仅能提高钙的脱氧能力，还能降低钙的蒸气压，减少钙的挥发损失。

（6）Ca-Al 合金（或 Al + CaO）。它是 $CaAl_2$、CaAl、$CaAl_3$ 组成的熔体，脱氧时能形成液态球形 $C_{12}A_7$（$12CaO \cdot 7Al_2O_3$）产物，改变残存脱氧产物的形态，并降低其含量。

（7）硅铁粉。硅铁粉是用含硅 75% 的硅铁磨制而成，由于密度小，含硅量有利于扩散脱氧。硅铁粉使用粒度不大于 1mm，在 100 ~ 200℃ 的低温干燥用，水分不大于 0.20%。

（8）硅钙粉。硅钙粉是一种很好的扩散脱氧剂，其密度比硅铁粉还小，故钢液不易增硅。使用时常与硅铁粉配合加入。硅钙粉使用前应干燥，使用粒度不大于 1mm，水分不大于 0.20%。

（9）铝粉。铝粉是很强的扩散脱氧剂，主要用于冶炼低碳不锈钢和某些低碳合金结构钢，以提高合金元素的收得率和缩短还原时间。铝粉使用前也应干燥，使用粒度不大于 0.5mm，水分不大于 0.20%。

（10）炭粉。炭粉是主要的扩散脱氧剂。用炭粉脱氧其产物是 CO 气体。炭粉有焦炭粉、电极粉、石油焦粉、木炭粉等几种。焦炭粉是用冶金焦研磨加工而成的，由于价格便宜是扩散脱氧用量最大的一种脱氧剂，但应注意某些冶金焦硫含量较高的问题。电极粉、石油焦粉和木炭粉其含硫量与灰分量均低于焦炭粉，但价格较贵，使用范围受到限制。

炭粉一般都在还原初期加入，也可用作还原期保持炉内气氛陆续少量加入，炭粉要有合适的粒度，一般为 0.5 ~ 1.0mm。使用前应干燥，去除水分。

（11）电石。电石的主要成分是碳化钙，用作还原初期强扩散脱氧剂。由于脱氧速度大于炭粉，可以缩短还原精炼时间。但电石有可能使钢液增碳和增硅，故应注意出钢终点碳、硅含量，防止出格。

电石极易受潮粉化，平时置于密封容器内保存，使用块度一般为 20 ~ 60mm。

（12）稀土材料。稀土元素和氧、硫的亲和力很强，因而含有稀土元素的合金是一种良好的脱氧剂和脱硫剂。同时，它还能去气，改善夹杂物形态、大小及分布等。此外，稀土合金还可作为钢液的净化剂和合金化材料，使钢材具有很好的力学性能。

2.3.3　铁合金的管理

对铁合金的管理工作包括以下几个方面。

（1）铁合金应根据质量保证书，核对其种类和化学成分，分类标牌存放，颜色断面相似的合金不宜邻近堆放，以免混淆。

（2）铁合金不允许置于露天环境中，以防生锈和带入非金属夹杂物，堆放场地必须干燥清洁。

（3）合金块度应符合使用要求，块度大小根据合金种类、熔点、密度、加入方法、用量和电炉容积而定。一般说来，熔点高、密度大、用量多但炉子容积小时，宜用块度较小的合金。一般加入钢包中的铁合金尺寸为 5 ~ 50mm，加入炉中的尺寸为 30 ~ 200mm。向电炉中加铝时，常将其化成铝饼，用铁杆插入钢液。常用铁合金的熔点、密度及块度要求可参考表 2-9。

表 2-9　铁合金的密度、熔点和块度要求

合金名称	密度（较重值）/kg·m^{-3}	熔点/℃	块度要求	
			尺寸/mm	单重/kg
硅铁	3500（75% Si） 5150（45% Si）	1300 ~ 1330（75% Si） 1290（45% Si）	50 ~ 100	≤4
高碳锰铁	7100（76% Mn）	1250 ~ 1300（70% Mn、7% C）	30 ~ 80	≤20
中碳锰铁	7100（81% Mn）	1310（80% Mn）	30 ~ 80	≤20
硅锰合金	6300（20% Si、65% Mn）	1240（18% Si） 1300（20% Si）		
高碳铬铁	6940（60% Cr）	1520 ~ 1550（65% ~ 70% Cr）	50 ~ 150	≤15
中碳铬铁	7280（60% Cr）	1600 ~ 1640	50 ~ 150	≤15
低碳铬铁	7290（60% Cr）		50 ~ 150	≤15
硅钙	2550（31% Ca、59% Si）	1000 ~ 1245		≤15
金属镍	8700（99% Ni）	1425 ~ 1455	<400	
钼铁	9000（60% Mo）	1750（60% Mo） 1440（36% Mo）	<100	≤10
钒铁	7000（40% V）	1540（50% V） 1480（40% V） 1080（80% V）	30 ~ 100	≤10
钨铁	16400（70% ~ 80% W）	2000（70% W） 1600（50% W）	<80	≤5
钛铁	6000（20% Ti）	1580（40% Ti） 1450（20% Ti）	20 ~ 200	≤15
硼铁	7200（15% B）	1380（10% B）	20 ~ 200	
铝	2700	约 660	饼状	
金属铬	7190	约 1680		
金属锰	7430	1244		

（4）合金在还原期入炉前必须进行烘烤，以去除合金中的气体和水分，同时使合金易于熔化，减少吸收钢液的热量，从而缩短冶炼时间，减少电能的消耗。合金烘烤的温度和时间根据其熔点、化学性质、用量以及气体含量等具体因素而定，一般分为3种情况。1）高温退火。适用于含氢量高的电解锰、电解镍等。2）高温烘烤。适用于硅铁、锰铁、硅锰合金、铬铁、钨铁、钼铁等熔点较高又不易氧化的合金。硅铁、锰铁、铬铁应不低于800℃，烘烤时间应大于2h。3）低温干燥。适用于稀土合金、硼铁、铝铁、钒铁、钛铁等熔点较低或易氧化的合金。钒铁、钛铁加热近200℃，时间大于1h。对烘烤好的铁合金应随取随用，以免降温过多和吸收气体及水分。用后余料要及时回收、分类归库、防止混乱及散失。

2.4 渣 料

在电炉炼钢过程中，造渣材料主要有石灰石、石灰、萤石、白云石和火砖块，特殊情况有时还用少量的硅石或石英砂等。电炉炼钢对造渣材料的质量要求十分严格。采用质量好的造渣材料，将会减少钢中气体和夹杂，提高脱磷、脱硫能力，缩短冶炼时间，降低电耗和耐火材料消耗。

2.4.1 石灰石

石灰石的主要成分为 $CaCO_3$，加入炉中后，在高温下分解成 CaO 和 CO_2 气体，同时吸收大量的热，从而降低熔池的温度，并增加电耗及推迟熔渣的形成。分解所产生的 CO_2 气体具有氧化性。现韶钢由于使用大量的铁水，热量有富余，就是采用石灰石作为降温材料。但是石灰石中含有有害杂质 SiO_2 和硫，SiO_2 降低渣的碱度，硫会进入钢中对脱硫不利。另外要特别注意，在熔池温度较高时加入石灰石，放出的 CO_2 气体能引起熔渣的沸腾。石灰石的化学成分及块度要求如表2-10所示。

表 2-10 石灰石成分及块度要求

名 称	化学成分/%					块度/mm
	CaO	SiO_2	MgO	S	P	
石灰石	≥50	≤3	≤3.5	≤0.10	≤0.10	10～30

另外，要求石灰石必须保持干燥，无泥土和其他杂物。

2.4.2 石灰

石灰是炼钢的主要造渣材料，其主要成分是 CaO。电弧炉炼钢要求石灰中 CaO 的含量越高越好，SiO_2、MgO、硫等杂质含量尽量低，生过烧率低，活性度高，块度合适，此外，石灰还应保证清洁、干燥。由于电炉冶炼周期较长，成渣速度可适当慢些，为减少石灰吸水和便于保存，电炉宜采用新烧的活性度中等的普通石灰。

石灰极易受潮变成粉末，而粉末状的石灰又极易吸水形成 $Ca(OH)_2$，它在507℃时吸热分解成 CaO 和 H_2，加入炉中造成炉气中氢的分压增高，使氢在钢液中的溶解度增加而影响钢的质量（$H_2 \rightarrow 2[H]$）。另外，在低于530℃时，石灰还会与空气中的 CO_2 反应生成

$CaCO_3$。因此在运输和保管过程中要注意防潮，要尽量使用新焙烧的石灰。电炉氧化期和还原期用的石灰要在700℃高温下烘烤使用。电炉采用喷粉工艺可用钝化石灰造渣，超高功率电炉采用泡沫渣冶炼时可用部分小块石灰石造渣。

石灰的化学成分及块度的要求如表2-11所示。

表 2-11 石灰的化学成分及块度的要求

名 称	化学成分/%							块度/mm	备 注
	CaO	SiO₂	MgO	Fe₂O₃ + Al₂O₃	S	C	H₂O		
一级石灰	≥90	≤2	≤1.5	≤3	≤0.08	≤2	≤0.5	20~60	块度小于20mm的石灰及粉末的总和不超过总量的5%
二级石灰	≥85	≤4	≤2.0	≤4	≤0.10	≤3	≤1.0	20~80	

石灰和石灰石的比较：当石灰出现生烧时，即有部分石灰仍为石灰石，这时加入的石灰就起不到应有的作用。每千克石灰和石灰石由20℃加热到1600℃时消耗的热能、电能数值如表2-12所示。

表 2-12 石灰和石灰石的比较

消耗热量	石 灰	石 灰 石	相 差
kJ/kg	2767	3538	775
kW·h/kg	0.77	0.983	0.213

2.4.3 萤石

萤石的主要成分是 CaF_2。它是既改善熔渣流动性又不降低碱度的稀释剂。其特点是短时间就改善熔渣的流动性，还可在炼钢或电弧温度下发生反应：$SiO_2 + 2CaF_2 = 2CaO + SiF_4 \uparrow$，产生的 SiF_4 气体随炉气散失。

电炉炼钢使用的萤石要求 CaF_2 的含量越高越好，而 SiO_2 的含量要适当。如果 SiO_2 的含量大于12%会形成玻璃碴；如果含量太低，萤石的熔点升高而熔化困难，就达不到快速稀释助熔的目的。

从外观上看，鲜绿色的萤石含 SiO_2 少，含 CaF_2 高；微白色的萤石含 SiO_2 较适中。

萤石的化学成分及块度要求如表2-13所示。

表 2-13 萤石的化学成分及块度要求

名 称	化学成分/%					块度/mm
	CaF₂	SiO₂	CaO	S	H₂O	
萤石	>85	<5~4	≤5	<0.2	<0.5	5~50

另外，萤石块矿应干净，不得混有泥土、废石等外来杂物。萤石块矿的粒度为5~50mm，粒度小于5mm和大于50mm部分所占比例之和不得大于10%。

2.4.4 轻烧白云石

白云石的主要成分为 CaO、MgO。它有轻烧白云石和重烧白云石之分。重烧白云石主要用于补炉；轻烧白云石主要用于造渣，它能使炉渣的 MgO 含量保持在一定的水平，减少对耐火材料的侵蚀。

对轻烧白云石的使用有以下要求。

（1）轻烧白云石应新鲜、干净、干燥、无杂物、不得混入外来杂物。

（2）轻烧白云石的粒度为 10～50mm，粒度小于 10mm 和大于 50mm 部分所占比例之和不大于 10%，允许最大粒度不得超过 70mm。

（3）理化指标要求如表 2-14 所示。

表 2-14 轻烧白云石的理化指标

品级	CaO/%	MgO/%	SiO$_2$/%	S/%	灼减/%	活性度（4mol/mL，（40±1）℃，10min）
一级	≥55.0	≥29.0	≤3.5	≤0.05	≤10.0	≥180

2.4.5 废黏土砖块

废黏土砖块是浇注系统汤道砖的废弃品，经破碎后用于调整炉渣。它的作用是改善熔渣的流动性，特别是对含 MgO 高的熔渣，稀释作用优于萤石。另外，黏土砖块中含有 30% 左右的 Al$_2$O$_3$，易使熔渣起泡沫并具有良好的透气性。但黏土砖块中还含有 55%～70% 的 SiO$_2$，能大大降低熔渣的碱度及氧化能力，这对脱磷、脱硫极为不利。因此，在氧化期应禁用，而在还原期要适当少用，只有在冶炼不锈钢或高硫钢时才用得多一些。还原期加入的黏土砖块应尽可能不含 FeO 和 MnO，以便确保熔渣的还原性。黏土砖块在使用前应干燥，且块度应均匀合适。

黏土砖块的化学成分及块度要求如表 2-15 所示。

表 2-15 黏土砖块的化学成分及块度要求

名 称	化学成分/%				块度/mm
	SiO$_2$	Al$_2$O$_3$	Fe$_2$O$_3$	H$_2$O	
黏土砖块	55～70	27～35	1.3～2.2	—	50～150

由于目前多采用连铸的模式，模铸的汤道砖越来越少，再加上对黏土砖的使用要求较高，所以对黏土砖使用得并不多。

2.4.6 硅石和石英砂

硅石和石英砂是酸性炉炼钢的主要造渣材料。在碱性电炉炼钢过程中，硅石和石英砂主要用于还原期调整中性渣的成分。在碱性电炉中，大量加入硅石和石英砂，易造成炉衬侵蚀，所以应控制硅石和石英砂的用量及在炉内的滞留时间。

硅石主要成分是 SiO$_2$，含量（质量分数）约 90% 以上，FeO 小于 0.5%，要求表面清洁，块度一般为 15～50mm，使用前要进行充分的干燥。石英砂的主要成分也是 SiO$_2$，含量约 95% 以上，FeO 小于 0.5%；粒度一般为 1～3mm，使用前要进行充分的干燥。

2.4.7 合成渣料

合成渣是把石灰和其他熔剂预先在炉外混合而制成的造渣材料。其主要成分是 CaO

和 Al_2O_3，用于调整渣的碱度和黏度。其理化指标及粒度要求如表 2-16 所示。主要是在出钢过程加入，同时注意加入时每批量不能过大。

表 2-16　合成渣的理化指标及粒度要求

CaO	SiO$_2$	Al$_2$O$_3$	MgO	FeO + MnO	粒度
<60%	<9%	<40%	<14%	<3%	3 ~ 30mm

2.5　氧化剂、增碳剂

2.5.1　氧化剂

（1）氧气。氧气是电炉炼钢最主要的氧化剂。它可使钢液迅速升温，加速杂质的氧化速度和脱碳速度，去除钢中气体和夹杂，强化冶炼过程和降低电耗。电炉炼钢要求氧气纯度高，含氧量不低于 98%；水分少，水分不高于 $3g/m^3$；有一定的氧气压力，一般熔化期吹氧助熔时，应为 0.3 ~ 0.7MPa，氧化期吹氧脱碳时有 0.7 ~ 1.2MPa。

（2）铁矿石。电炉用铁矿石的含铁量要高、杂质量少、块度合适。因为含铁量越高密度越大，入炉后容易穿过渣层直接与钢液接触，加速氧化反应的进行。矿石中有害元素磷、硫、铜和杂质含量要低。要求矿石成分为：$w(Fe) \geqslant 55\%$、$w(SiO_2) < 8\%$、$w(S) < 0.10\%$、$w(P) < 0.10\%$、$w(Cu) < 0.2\%$、$w(H_2O) < 0.5\%$，块度为 30 ~ 100mm。铁矿石入库前用水冲洗表面杂物，使用前须在 500℃ 以上高温烘烤 2h 以上，以免使钢液降温过大和减少带入水分。

（3）氧化铁皮。亦称铁鳞，是钢坯（锭）加热、轧制和连铸过程中产生的氧化壳层，含铁量约 70% ~ 75%。氧化铁皮还有帮助转炉化渣和冷却作用。电炉用氧化铁皮造渣，可以提高炉渣中 FeO 含量，改善炉渣的流动性，稳定渣中脱磷产物，以提高炉渣的去磷能力。要求氧化铁皮的成分为：$w(TFe) \geqslant 70\%$、$w(SiO_2) \leqslant 3\%$、$w(S) \leqslant 0.04\%$、$w(P) \leqslant 0.05\%$、$w(H_2O) \leqslant 0.5\%$。氧化铁皮的铁含量高，杂质少，但黏附的油污和水分较多，因此使用前须在 500℃ 以上的高温下烘烤 4h 以上。

除以上三种氧化剂外，电炉有时还使用一些金属的氧化物。如在冶炼某些合金钢时，为了节省合金元素的用量，有时利用它们的矿石或精矿粉来代替部分相应的铁合金，如锰矿、铬矿、钒渣以及镍、钼、钨的氧化物（NiO、MoO_3、WO_3），这些矿石在使钢液合金化的同时，也具有氧化剂的作用。

2.5.2　增碳剂

由于配料或装料不当以及脱碳过量等原因，造成冶炼过程钢中碳含量达不到预期要求，必须对钢液增碳。

电炉炼钢用增碳剂有：焦炭粉、废石墨电极块、生铁及石油焦等。焦炭粉是主要的，也是最普通的增碳剂；石墨电极块是效果最好的增碳剂，但价格较贵；生铁配料时常用来配碳，精炼期增碳要求用优质生铁；国内的钢厂也曾使用过煤来代替生铁增碳，以补充生铁的不足；石油焦杂质很少，但价格更贵些。

对炼钢用增碳剂的要求是固定碳要高，灰分、挥发分和硫、磷、氮等杂质含量要低，且干燥、粒度适中。

2.6 耐火材料

耐火材料是一种能抵抗高温（1580℃）作用的固体材料，在冶金工业中用量最大。但是没有一种耐火材料能够完全满足使用性能的要求，即使同一耐火材料在不同的使用条件下所表现的性能也不相同。因此，在使用耐火材料时必须了解耐火材料的性能和使用的工作条件。

2.6.1 耐火材料的分类

耐火材料的种类繁多，根据不同的使用目的和要求，有许多分类方法，常用的有如下几种：

（1）按化学性质，可分为酸性耐火材料、中性耐火材料和碱性耐火材料（见表2-17）。

（2）按使用温度，可分为普通耐火制品（1580～1770℃）、高级耐火制品（1770～2000℃）、特级耐火制品（>2000℃）。

（3）按加工方式和外观可分为烧成砖、不烧成砖、电熔砖、不定形耐火材料（包括浇筑料、捣打料、可塑料、喷射料）、绝热材料、耐火纤维、高温陶瓷材料等。

表 2-17 耐火材料的分类

分 类	耐火材料名称	主 要 原 料	主 要 成 分
酸性耐火材料	黏土质耐火材料	耐火黏土	$SiO_2 + Al_2O_3$
	叶蜡质耐火材料	叶蜡石	$SiO_2 + Al_2O_3$
	硅质耐火材料	石英岩、硅石	SiO_2
	半硅质耐火材料	硅藻土、泡沙泥	$SiO_2(Al_2O_3)$
	石英玻璃	纯净的天然石英砂、水晶等	SiO_2
	锆质耐火材料	锆石英	$ZrO_2 + SiO_2$
中性耐火材料	高铝质耐火材料	铝矾土、蓝晶石、硅线石、红柱石	$Al_2O_3 + SiO_2$
	刚玉质耐火材料	工业铝氧、电熔刚玉	Al_2O_3
	铬质耐火材料	铬铁矿	Cr_2O_3、MgO、Al_2O_3、FeO
	碳质耐火材料	炭素材料、石墨	C
	碳化硅质耐火材料	碳化硅	SiC
碱性耐火材料	镁质耐火材料	菱镁矿、海水镁矿	MgO
	镁铝质耐火材料	镁铝尖晶石	$MgO + Al_2O_3$
	铬镁质耐火材料	烧结镁砂、铬铁矿	$MgO + Cr_2O_3$
	镁橄榄石质耐火材料	蛇纹岩、橄榄岩、滑石等	$MgO + SiO_2$
	白云石质耐火材料	白云石	$CaO + MgO$
	石灰质耐火材料	石灰、化学纯碳酸钙	CaO

2.6.2　电炉对耐火材料的技术要求

随着工业技术的发展，电炉炼钢技术取得了很大的进步，对耐火材料的要求也有很大的变化。现在大部分电炉的炉墙、炉顶使用砌砖，炉底和炉坡使用捣打料，出钢口使用专用的釉砖。无论电炉如何发展，依然保持其特性。所以对耐火材料的要求有如下几个方面。

（1）高耐火度。电弧温度在4000℃以上，炼钢温度通常在1500~1750℃，有时甚至高达2000℃，因此要求耐火材料必须有高的耐火度。

（2）高荷重软化温度。电炉炼钢过程耐火材料是在高温载荷条件下工作的，耐火材料既要在高温下承受钢渣的重量，并且要经受钢水和渣液的冲刷，因此耐火材料必须有高的荷重软化温度。

（3）抗渣性好。在炼钢过程中，炉渣、炉气、钢水对耐火材料有强烈的化学侵蚀作用，因此耐火材料应有良好的抗渣性。

（4）良好的热稳定性。电炉炼钢从出钢到装料在几分钟时间内温度会急剧变化，由原来的1600℃左右骤降到900℃以下，因此要求耐火材料具有良好的热稳定性。

（5）高的耐压强度。电炉炉衬在装料时受炉料冲击，冶炼时受钢水的静压，出钢时受钢流的冲刷，操作时受机械的振动，因此耐火材料必须有高的耐压强度。

（6）低导热性。为了减少电炉的热损失，降低电能消耗，要求耐火材料的导热性要差，即导热系数要小。

（7）气孔率和密度。气孔率和密度是耐火制品致密程度的指标。高密度制品的力学性能好，也有利于抗渣侵蚀和抗热震性能的提高。耐火材料的气孔有和外界相通的显气孔和与外界不通的闭气孔两种。

2.6.3　电炉用耐火材料及主要质量指标

2.6.3.1　绝热材料

电炉炼钢常用的绝热材料有石棉板、硅藻土砖和轻质黏土砖等。它们的主要作用是减少热量损失，也用于隔热保护。因此，不强调对绝热材料的耐火度、热稳定性、力学强度和抗渣性能等要求，但导热系数应越低越好。绝热材料主要性能如表2-18所示。

表2-18　绝热材料主要性能表

材　料　名　称	密度/g·cm^{-3}	允许工作温度/℃	导热系数/W·(m·℃)$^{-1}$
石棉板	0.90~1.0	500	$(0.162+0.17)\times10^{-3}T_p$
硅藻土砖	0.55	900	$(0.093+0.244)\times10^{-3}T_p$
轻质黏土砖	0.40	900	$(0.081+0.22)\times10^{-3}T_p$

注：T_p为平均温度，即实际工作温度与室温的平均值,℃。

2.6.3.2　炉衬捣打料

电炉炉衬捣打料主要是镁砂和白云石。镁砂是由天然菱镁矿（$MgCO_3$）经1650℃以上的高温焙烧后制得的。当焙烧温度为 650~690℃ 时，菱镁矿分解反应如下：$MgCO_3 \rightarrow MgO + CO_2\uparrow$，但 MgO 在空气中会吸收水分，所以不宜长期存放。白云石是由天然的白云石矿（$CaCO_3 \cdot MgCO_3$）经高温焙烧后制得。当焙烧温度为 700~900℃ 时，白云石矿分解反应如下：$CaCO_3 \cdot MgCO_3 \rightarrow MgO + CaO + 2CO_2\uparrow$，同样，CaO 在空气中会吸收水分，所以不能长期存放。镁砂的化学成分如表 2-19 所示。

表 2-19 镁砂的化学成分

牌　号	化学成分/%			
	MgO	SiO_2	CaO	灼减
MS-88Ga	≥88	≤4	≤5	≤0.5
MS-83Ga	≥83	≤5	≤8	≤0.8
MS-78Ga	≥78	≤6	≤12	≤0.8

2.6.3.3 耐火混凝土

耐火混凝土是一种新型的耐火材料。特点是生产简单，砌筑打结方便，使用寿命较高；但耐火水泥保管期限短，极易变质。

根据胶结料的不同，耐火混凝土分为多种，常用的如表 2-20 所示。

表 2-20 常用的耐火混凝土

名　称	组 成 材 料			最高使用温度/℃	使用部位
	胶结料	掺和料	骨料		
铝酸盐耐火混凝土水泥	矾土水泥	高铝矾土熟料粉	高铝矾土熟料	1300~1400	强度高、有良好的热稳定性，适用于各种包盖、炉盖、炉门的隔热层
	矾土水泥	铝铬渣粉	铝铬渣	1600	耐急冷急热及热态强度好，适用于钢包内衬、出钢槽、电极绝缘圈
	低钙铝酸盐水泥	高铝矾土熟料粉、废高铝砖	高铝矾土熟料粉、废高铝砖	1400~1500	有良好的热稳定性，用于钢包内衬、出钢槽、炉盖部位
	铝-60 水泥	高铝矾土熟料、焦宝石等	高铝矾土熟料、焦宝石等	1300~1500	
磷酸盐耐火混凝土	磷酸溶液	矾土熟料或高铝砖	矾土熟料或高铝砖	1400~1500	用于温度变化频繁或要求耐磨、耐冲刷部位，如出钢槽等
镁质耐火混凝土	硫酸镁或氯化镁	镁砂	电熔镁砂	1500~1800	适用于碱性渣侵蚀的部位，但不宜急冷急热部位
硫酸盐耐火混凝土	硫酸盐溶液	黏土熟料粉、高铝熟料粉	黏土熟料、高铝熟料	>1100	用于电炉炉盖和电极绝缘圈

表 2-21 列出了耐火材料的主要质量指标（以韶钢电炉为例）。

表 2-21　电炉用耐火材料主要质量指标

耐火材料名称	材质	使用场所	主要质量指标									
			化学成分/%						物理指标		
			MgO	CaO	Al_2O_3	SiO_2	Fe_2O_3	C	显气孔率/%	耐压强度/MPa	重烧线变化/%
镁砖	镁质	永久层	≥91	≤3					≤18	≤58.8	≤0.5
镁质捣打料	镁质	炉底工作层	≥74	≤19			3~9				
镁炭砖	镁炭质	炉身工作层	≥70					≥6		≥40	≤3
出钢口座砖		出钢口									
出钢口管砖	镁炭质	出钢口	≥76					≥14	≤5	≥40	
填充料	镁橄榄石	出钢口	约46			约42	约8				
炉衬修补料	镁钙质	工作层	≥73	≥17							
铁水溜槽耐火泥	铝炭质	铁水溜槽			≥38	≥10	SiC ≥15	≥15			

2.6.4　电炉不同部位使用的耐火材料

在电炉中使用耐火材料有很严格的要求，不同部位需要使用不同的耐火材料。下面就对电炉不同部位所使用的耐火材料进行逐一的说明。

隔热层：位于耐火材料的最里层，在炉壳和永久层之间。主要使用石棉板、硅藻土砖和轻质黏土砖等绝热材料。

永久层：位于隔热层和工作层之间，主要使用镁质耐火材料，如镁砖等。

工作层：位于耐火材料的最外层，直接与钢水接触。其又分炉身工作层和炉底工作层。炉身工作层主要使用镁炭质耐火材料，如镁炭砖；炉底工作层主要使用镁质耐火材料，如镁质捣打料。炉衬修补采用镁钙质耐火材料。

出钢部位：偏心底出钢的出钢口座砖、管砖采用镁炭质耐火材料，填充料采用镁橄榄石质耐火材料；槽式出钢的出钢槽采用铝质耐火混凝土。

透气座砖和透气砖：如电炉采用底吹气操作时采用镁炭质耐火材料。

炉盖和电极绝缘圈：采用铝质耐火混凝土。

铁水流槽：采用铝炭质耐火泥。

 复习与思考题

2-1　电弧炉炼钢对废钢的一般要求有哪些？

2-2　对废钢的管理包括哪些方面？

2-3 废钢去锌的方法有哪些?

2-4 试述电弧炉采用直接还原铁炼钢的优缺点。

2-5 为什么现在越来越多的电炉炼钢采用兑热铁水的工艺?

2-6 炼钢对铁合金的管理工作有哪些?

2-7 电弧炉炼钢对石灰的质量要求是什么?

2-8 试述电弧炉不同部位耐火材料的使用情况。

3　传统电弧炉炼钢冶炼工艺

碱性电弧炉的冶炼工艺是比较灵活的，它可以利用电炉作为熔炼工具，可冶炼出几乎所有的钢种，也可以采用电炉与炉外精炼设备二次冶炼出具有质量更高、经济上更加合理的各种钢种。

电弧炉冶炼方法分为一次冶炼法和二次冶炼法。电弧炉一次冶炼法可分为氧化法、不氧化法和返回吹氧法三种类型。电弧炉二次冶炼法将是电弧炉炼钢发展的必然趋势，电炉开始由过去包括熔化、氧化、还原精炼、温度、成分控制和质量控制的冶炼设备逐步向熔化、升温和必要精炼功能（脱磷、脱碳）的熔化型设备转变，它只起熔化和粗炼的作用，而把那些只需要较低功率的工艺操作转移到钢包精炼炉内进行。钢包精炼炉完全可以为初炼钢液提供各种最佳精炼条件，可对钢液进行成分、温度、夹杂物、气体含量等的严格控制，以满足用户对钢材质量越来越严格的要求。

传统的碱性电弧炉氧化法冶炼是最基本的冶炼方法，它可以用一般废钢作原料冶炼出高质量的碳素结构钢和合金钢。氧化法冶炼工艺操作由补炉、装料、熔化期、氧化期、还原期、出钢等六个阶段组成，主要由熔化、氧化、还原期三期组成，俗称"老三期"。其突出的特点是具有完整的氧化精炼与还原精炼时期，可在炉内一次完成冶炼过程的全部任务，其他工艺皆以此为基础。本章主要介绍氧化法冶炼工艺。

3.1　碱性电弧炉的冶炼方法

3.1.1　氧化法

3.1.1.1　冶炼特点

在冶炼过程中，须向钢液加入矿石、氧化铁皮等氧化剂，或向钢液中直接吹氧，以保证氧化期的良好沸腾和冶炼的正常进行。这种工艺方法的主要特点，在冶炼过程中有比较彻底的氧化期。在氧化期中始终以氧化钢中的杂质元素作为主要的精炼手段，以去除钢液中多余的碳和磷。碳在高温氧化时造成熔池强烈沸腾，能充分地去除钢中的气体 [H]、[N] 和氧化物夹杂。

（1）优点：由于这种方法有较好的纯洁钢液的作用，因而对废钢的要求并不太高，可使用如含油污和铁锈较多的废钢，配入碳含量不必十分准确，废钢中合金元素含量不清楚、硫磷含量较高的废钢也可以采用这种方法，因而有利于各种废钢的利用。

（2）缺点：氧化法冶炼工艺也有其缺点，如果炉料中有合金钢返回料，则其中的某些合金元素会被氧化而损失于炉渣中，这便限制了合金返回废钢的使用。对于普通废钢由于氧化时间较长，使炉料的熔损和有益的合金元素氧化损失加大，使钢的成本增高。高温氧化激烈沸腾也影响了炉衬寿命。到目前为止，在国内氧化法冶炼工艺仍是电炉炼钢的主要方法。

3.1.1.2 配料原则

由于氧化法冶炼有较好的去除气体和夹杂物的作用，因此在选用废钢作原料时不作过高要求，但是为获得较好的经济技术指标，对炉料中的碳、硅、锰、磷、硫、铬的含量应有一定的要求。

（1）碳：为了保证氧化期的氧化脱碳沸腾，要求炉料全熔后钢中的碳含量一般应高于成品规格下限的 0.3% ~ 0.4%；废钢中的碳含量在熔化期约有 0.2% ~ 0.3% 的烧损（吹氧助熔约 0.3%），一般要求配碳量比所炼钢种规格下限高出 0.5% ~ 0.7%。

（2）硅：它是由炉料自然带入的。要求炉料全熔后钢液中的硅含量不高于 0.15%，硅含量过高会延缓氧化沸腾，使脱碳速度减慢。

（3）锰：锰由炉料带入，要求炉料全熔后钢液中锰含量不应高于 0.20%。

（4）磷、硫：$w(P) \leqslant 0.06\%$，$w(S) \leqslant 0.08\%$，磷、硫含量过高需进行多次换渣，延长了冶炼时间，增大了劳动强度。

（5）铬：从炉料中带入，在炉料全熔后钢液中铬含量不应高于 0.30%，铬含量过高，经氧化生成三氧化二铬产物进入炉渣，使炉渣变黏，阻碍脱磷和脱碳反应的正常进行。并增大矿石、氧气用量的消耗，延长冶炼时间。用铬含量高的炉料冶炼非铬钢种也是一种浪费。

（6）镍、钼、铜：这也是由炉料带入的，由于这些元素不易氧化去除，故对于一般的钢种分别要求低于 0.10%。

（7）氧化法冶炼适应的钢种：对磷、硫含量要求极低的钢种；对容易产生白点及层状断口缺陷的钢种；对冶炼含有易与氧、氮化合的元素（如 Ti、B、Zr 等）的钢种等。一般说来，大多数的碳素结构钢、合金结构钢和某些内在质量要求高的钢种如滚珠轴承钢、弹簧钢、不锈钢等，都宜采用此法冶炼。氧化法冶炼炉料的综合收得率为 95% ~ 97%。

3.1.2 不氧化法

3.1.2.1 冶炼特点

不氧化法冶炼对炉料的质量有严格的要求，如废钢清洁无锈，干燥，磷含量低，配碳量较准时，可采用不氧化法冶炼。不氧化法冶炼的特点是没有氧化期，没有脱磷、脱碳和去除气体的要求，要求配入的成分在熔化终了时 [C] 和 [P] 应达到氧化末期的水平。此时钢液温度不高，需有 15 ~ 20min 的加热升温时间，然后扒除熔化渣进入还原期。由于没有氧化期，可缩短冶炼时间 15min 左右，并可回收废钢中大部分的合金元素，减少电耗、渣料和氧化剂的消耗，对炉衬维护也是有利的，是一种比较经济的冶炼方法。

近年来，对不氧化法工艺可允许在熔化末期加入少量矿石，或采用吹氧助熔及短时间的吹氧提温，去除钢液中部分气体与夹杂，有利于提高钢的质量，但合金的回收率有所降低。在采用普通废钢的炉料中，按一定数量配入铁合金，将它们一起装入炉内，称为装入法。

在采用不氧化法冶炼时，为了回收贵重的合金元素，冶炼过程中不扒除熔化渣，一直进入还原期。这种炼钢方法称为单渣法（单渣还原法）。

3.1.2.2　配料原则

不氧化法冶炼不能去除钢中气体和外来夹杂物，不能去磷和没有脱碳量的要求，只能靠纯洁的炉料和准确的配料成分予以保证。

（1）碳：电炉熔化期金属炉料的碳约有 0.2% ~ 0.3% 的氧化损失，要求炉料全熔后钢液中的含碳量应低于钢种成品规格下限 0.03% ~ 0.06%。目前不氧化法工艺为全熔后再吹氧脱碳大于 0.1% 左右。

（2）磷：炉料中的磷应保证炉料全熔后比钢种的成品规格低 0.015% ~ 0.02%。

配料时要求硫含量不大于 0.06%，硅含量不大于 0.5%，锰含量不超过钢种规格上限 0.2%。冶炼的钢种有残余元素（如 Ni、Cr、Cu）要求时，配料中的残余元素应低于规格的 1/2。

不氧化法的炉料质量好，块度大小合适。可以一次装料入炉，通常炉料的综合收得率可达到 98% 左右。本法可以冶炼低合金钢、不锈钢等钢种。

选择冶炼方法的主要依据是：钢的化学成分、钢种特性、质量要求、原材料供应情况。冶炼方法选择是否恰当，对钢的质量、成本、电炉的生产率等影响甚大。

3.1.3　返回吹氧法

3.1.3.1　冶炼特点

返回吹氧法冶炼，是氧气应用于电炉炼钢后出现的一种工艺方法。其特点是冶炼过程中有较短的高温吹氧氧化期，造氧化渣，又造还原渣，能吹氧去碳、去气、去非金属夹杂，但去磷较难，要求原料应由含磷低的返回废钢组成。

在含有易氧化合金元素的钢液中，碳与易氧化元素和氧的亲和力是随温度而变的，在低温下一般是易氧化合金元素优先于碳氧化，在高于某一特定温度时，使碳比合金元素优先氧化。

钢液在高温下氧化，既可通过碳氧反应使熔池产生强烈沸腾，达到去气、去夹杂的作用，又使得合金元素不致大量被氧化损失掉。这种冶炼方法通常用在合金钢或高合金钢种上。特别适合冶炼不锈钢、高速钢等含铬、钨高的钢种。

3.1.3.2　配料原则

返回吹氧法的炉料尽量由返回钢组成，不足的再配以一定量的碳素废钢、铁合金等构成。配料时炉料的化学成分和质量必须准确。

（1）碳：因为这种冶炼方法有吹氧脱碳过程，炉料中的配碳量应保证炉料全熔后能吹氧脱碳 0.20% ~ 0.40%。

（2）铬：中、低合金钢铬的配入量应不大于钢种成品规格的中限。高合金钢铬的配入量应在 7% ~ 12% 左右。

（3）磷：由于返回吹氧法不能去磷，炉料中的磷含量应比钢种规格低 0.005% ~ 0.010%。

（4）硅：冶炼一般钢种以不超过成品规格上限 0.2% 为宜。高铬合金钢为防止铬的低温氧化损失，配料中应配入 0.8% ~ 1.0% 的硅。

（5）锰：一般应以不超过钢种规格上限为宜。

返回吹氧法炉料的综合收得率一般在 96% ~ 97%。

3.2 补 炉

电炉炼钢是在长时间的高温状态下进行的，一定厚度的炉衬表面层均处于软化状态，在冶炼过程中炉衬不断受到机械冲击、化学侵蚀、炉内高温和温度剧变的影响，操作不当也会使炉衬损坏，尤其是在渣线的高温区更为严重。因此在每一炉出钢后，必须对炉衬已损坏的部位进行修补，以维持炉衬的形状，保证正常冶炼和延长炉体寿命。

3.2.1 电弧炉炉衬损害的原因及解决措施

（1）在冶炼钢的过程中，炉衬寿命受温度影响主要是还原期间和出钢至装料完毕送电以前这段时间。前者受电弧直接辐射的影响，后者受温度激冷激热而引起炉衬剥落。氧化末期过高的冶炼温度也是降低炉衬寿命的重要原因之一。为降低温度对炉衬寿命的影响，关键在于应该有一个合理的供电制度。

（2）过低的炉渣碱度或过高的流动性使"渣线"受到严重的侵蚀。随时调整好冶炼各期炉渣的碱度和流动性，以及合适的渣量，可减少对炉衬的侵蚀，保证熔池内物化反应的顺利进行。在调整炉渣碱度的问题上，主要在于提高熔化渣的碱度到 2 左右，并控制好还原期加入萤石与火砖块的数量以及还原剂 Si 粉和 Al 粉的数量。

（3）电炉熔化期的大塌料和氧化期产生的大沸腾，会使炉衬遭到严重破坏，应力求避免。

炉衬最易损坏的部位是渣线、出钢口两侧、炉门两侧、靠 2 号电极的炉壁处，以及炉顶装料的炉口处。因此，一般电炉在出钢后要对渣线、出钢及炉门附近等部位进行修补，无论进行喷补或投补，均应重点补好这些部位。

3.2.2 补炉材料

碱性电炉人工投补的补炉材料是镁砂、白云石或部分回收的镁砂。所用黏结剂为：湿补时选用卤水（$MgCl_2 \cdot xH_2O$）或水玻璃（$Na_2SiO_4 \cdot yH_2O$）；干补时一般均掺入 10% 沥青粉，冶炼低碳钢，应不掺或少掺，炉况不良时，可多掺入一些。对于炉衬损坏严重的部位，也可掺入一定量的 TiO_2 粉作为黏结剂，使之有利于烧结，但价格比较昂贵。机械喷补材料主要采用镁砂、白云石或两者的混合物。此外，还可掺入磷酸盐或硅酸盐等黏结剂。碱性电炉人工投补用的补炉材料，粒度要求：镁砂 0.8 ~ 3mm，白云石 2 ~ 5mm，回收镁砂 0 ~ 8mm，沥青不大于 3mm。

3.2.3 补炉原则

补炉的原则是"高温、快补、薄补""先外后里""先坏后好"。这三条原则都是利用出钢后炉内的高温和余热使补炉材料烧结好。补炉是将补炉材料喷投到炉衬损坏处，并借助炉内的余热在高温下使新补的耐火材料和原有的炉衬烧结成为一个整体，而这种烧结需要很高的温度才能完成。一般认为，较纯镁砂的烧结温度约为 1600℃，白云石的烧结温度约为 1540℃。电炉出钢后，炉衬表面温度下降很快，因此应该抓紧时间趁热快补。此外每次投入的补炉材料以 20～30mm 为宜，过厚则烧不透，还使部分补炉材料滑到炉底上去，需要补得更厚时，应分层多次进行。

为使补炉材料能和原有的炉衬进行良好的烧结，在补炉前需将补的部位的残钢残渣扒净，否则在下一炉的冶炼过程中，会因残钢残渣的熔化而使补炉材料剥落。

3.2.4　补炉方法

补炉方法可分为人工投补和机械喷补。人工投补，补炉质量差、劳动强度大、作业时间长、耐火材料消耗也大，故仅适合小炉子。目前，在大型电炉上采用机械喷补，大多数采用炉门喷补机，也有采用炉内旋转补炉机的，后者效果好但操作较麻烦。机械喷补补炉速度快、效果好。补炉机的种类较多，主要有离心补炉机和喷补机两种。

离心补炉机的效率比较高。这种补炉机用电动机或气动马达作驱动装置。电动机旋转通过立轴传递到撒料盘。落在撒料盘上的镁砂在离心力作用下，被均匀地抛向炉壁，从而达到补炉的目的，补炉机是用吊车垂直升降的。补炉工作可以沿炉衬整个圆周均匀地进行。其缺点是无法局部修补，并且需打开炉盖，使炉膛散热加快，对补炉不利。

喷补机是利用压缩空气将补炉材料喷射到炉衬上。从炉门插入喷枪喷补，由于不打开炉盖，炉膛温度高，对局部熔损严重区域可重点修补，并对维护炉坡、炉底也有效。与转炉喷补机一样，电弧炉喷补方法分为湿法和半干法两种。湿法是将喷补料调成泥浆，泥浆含水为 25%～30%。半干法喷补的物料较粗，水分一般为 5%～10%。半干法和湿法喷补装置与转炉使用喷补装置相同。喷枪枪口形式如图 3-1 所示，喷枪枪口包括直管、45°弯管、90°弯管和 135°弯管 4 种形式。喷补料以冶金镁砂为主，黏结剂为硅酸盐和磷酸盐系材料。

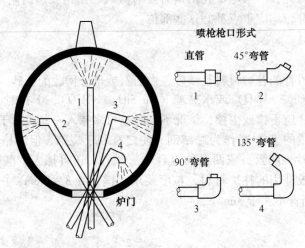

图 3-1　4 种喷枪枪口形式与喷补炉衬部位示意图

3.3 装　料

目前，广泛采用炉顶料篮或料罐装料，每炉钢的炉料分 1 ～ 3 次加入。装料的好坏影响炉衬寿命、冶炼时间、电耗、电极消耗以及合金元素的烧损等，因此要求装料合理，而装料合理主要取决于炉料在料篮中的布料合理与否。装料的时间直接影响冶炼周期及吨钢电耗，装料强调改善炉料结构、加强炉料管理、合理装料次数等措施，一定要实现"零压料"。

3.3.1　装料前的炉料计算

电弧炉炼钢的基本炉料是普通废钢、返回废钢和增碳剂，有的也加入部分合金料。增碳剂有电极粉、焦炭粉和生铁三种。电极粉含碳量在 95% 以上，硫低、灰分低，回收率约 60% ～ 80%，是理想的增碳剂。焦炭粉含碳量约 80%，回收率为 40% ～ 60%，由于其价格低廉是电炉普遍采用的增碳剂。生铁因磷、硫含量高，价格也高，电炉装料时一般不用生铁作增碳剂，只有当废钢用量不足时才可配入 5% ～ 15% 的生铁。

装料前要进行配料计算，配料首先要了解各种原材料的化学成分和计划消耗定额，根据本厂所炼钢种的技术标准及工艺要求进行配料，包括计算配入多少增碳剂或合金。

配料首先应确定出钢量，然后算出各种炉料的配入量。准确估算配料量不但可以保证冶炼过程的顺利进行，而且还能减少金属料及原材料消耗，并能合理地利用返回废钢，节约合金元素，缩短冶炼时间。

3.3.1.1　总装入量计算

模铸出钢量 = 计划钢锭支数 × 钢锭单重 + 汤道及中注管残钢重 ×

　　　　盘数(1.5% ～ 3%) + 熔损(3% ～ 5%) + 注余(100 ～ 150kg)　　　(3-1)

　　总装入量 = 出钢量/炉料综合收得率　　　　　　　　　　　　　　　　(3-2)

本计算未考虑氧化期加入铁矿石的金属带入量和出钢前合金的加入量，而影响废钢的熔损因素也很多，可在下一炉钢适当调整。

炉料综合收得率是根据炉料中杂质和元素烧损的总量而确定的，烧损越大，配比越高，综合收得率越低。

炉料综合收得率 = $\sum$ 各种钢铁料配料比 × 各种钢铁料收得率 +

　　　　　　$\sum$ 各种合金加入比例 × 各种合金收得率　　　　　(3-3)

钢铁料的收得率一般分为三级：

一级钢铁料的收得率按 98% 考虑，主要包括返回废钢、软钢、洗炉钢、锻头、生铁等，这级钢铁料表面无锈或少锈。

二级钢铁料的收得率按 94% 考虑，主要包括低质钢、铁路建筑废器材、弹簧钢、车轮等。

三级钢铁料的收得率波动较大，一般按 85% ～ 90% 考虑，主要包括轻薄杂铁、链板、渣钢铁等，这级钢铁料表面锈蚀严重，灰尘杂质较多。

对于新炉衬（第 1 炉），因镁质耐火材料吸附铁的能力较强，钢铁料的收得率更低，一般还需多配装入量的 1% 左右。

3.3.1.2 配料计算

$$配料量 = 总装入量 - 还原期补加合金总量 - 矿石进铁量 \qquad (3-4)$$

$$还原期补加合金总量 = \sum \frac{出钢量 \times (控制成分 - 炉中残余成分)}{合金成分 \times 收得率} \qquad (3-5)$$

或

$$还原期补加合金总量 = \sum \left(\frac{出钢量 \times 控制成分 - 配料量 \times 配料成分 \times 熔清收得率}{合金成分 \times 收得率} \right)$$

$$(3-6)$$

$$矿石进铁量 = 矿石加入量 \times 矿石含铁量 \times 铁的收得率 \qquad (3-7)$$

矿石的加入量一般按出钢量的 4% 计算，如果合金的总补加量较大，须在出钢量中扣除合金的总补加量，然后再计算矿石进铁量。矿石中的铁含量约为 50% ~ 60%，铁的收得率按 80% 考虑，非氧化法冶炼因不用矿石，故无此项。

$$各种材料配料量 = 配料量 \times 各种材料配料比 \qquad (3-8)$$

例：氧化法冶炼 45 钢，电炉总装入量为 10550kg，返回 45 废钢为 2500kg，其余炉料由外来废钢和增碳剂组成。采用焦炭粉作增碳剂，回收率按 50% 计算。炉料配碳量取 1.0%，外来废钢平均含碳量取 0.25%，求各种炉料组成。

解：设外来废钢为 $x$kg，焦炭粉为 $y$kg。

$$\begin{cases} x + y + 2500 = 10550 \\ x \times 0.25\% + y \times 80\% \times 50\% + 2500 \times 0.45\% = 10550 \times 1.0\% \end{cases}$$

$x = 7864$，即外来废钢为 7864kg；

$y = 186$，即焦炭粉为 186kg。

本炉 45 钢配料组成：返回废钢 2500kg；外来废钢 7864kg；焦炭粉 186kg。

用不氧化法或返回吹氧法生产合金钢（合金元素含量大于 4%）时，还应考虑最主要的 1 ~ 2 个合金元素的配入量，可列三元一次或四元一次（合金平衡）方程式求解。由于补加的铁合金料数量较大，装入的钢铁料应比出钢量适当减少。如冶炼 1Cr13，装入量一般为出钢量的 80% ~ 85%；冶炼 1Cr18NigTi 钢，装入量一般为出钢量的 75% ~ 80%。

当装入量确定以后，严格按配料单检料，并核对炉料化学成分、料重和种类。特别是冶炼合金钢时，更应防止错装。

3.3.1.3 炉料块度的配比

电炉装料的另一重要问题，就是炉料块度的配比，因为合理的块度配比，可保证炉料装入密实，以减少装料次数，并稳定电弧，缩短冶炼周期，减少电耗。

一般小料（<10kg）占整个料重的 15% ~ 25%，中料（10 ~ 50kg）占 40% ~ 45%，大料（>50kg）占 35% ~ 45%。按照这样的块度配比装料，可使炉内炉料体积密度达到 2500 ~ 3500kg/m³。

3.3.2 装料操作

装料操作直接影响到炉料熔化速度、合金元素烧损、电能消耗和炉衬寿命。对装料的要求是速度快、密实、布料合理，尽可能一次装完，或采用先多加后补加的方法装料。

电炉一般采用炉顶装料，炉盖打开后炉膛温度以1500℃左右迅速降到800℃左右，此时散失的热量将在熔化期由电弧热弥补，使电耗增加，冶炼时间延长，因此必须强调快装。

要使炉料装得密实和导电性良好，装料时必须将大、中、小块料合理布料。合理的布料顺序如下。

（1）一般先在炉底上均匀地铺一层石灰（留钢操作、导电炉底等除外），约为装料量的2%～3%，以保护炉底，同时可提前造渣。如果炉底上涨，可在炉底上加适量矿石或氧化铁皮或萤石洗炉，炉底上涨严重时可直接吹氧去除，石灰则在熔化末期补加。

（2）如果炉底正常，在石灰上面铺小块料，约为小块料总量的1/2，以免大块料直接冲击炉底。若用焦炭或碎电极块作增碳剂，可将其放在小块料上，以提高增碳效果。

（3）小块料上再装大块料和难熔料，并布置在电弧高温区，以加速熔化。在大块料之间填充中、小块料，以提高装料密度。大块炉料装在下部，使下部炉料比上部密实，有助于消除"搭桥"现象。若用生铁块或废铁屑作增碳剂，则应装在大块炉料或难熔炉料上面。

（4）中块料一般装在大块料的上面及四周，不仅填充大块料周围空隙，也可加速靠炉壁处的炉料熔化。

（5）最上面再铺剩余的小块料，为的是使熔化初期电极能很快"穿井"，减少弧光对炉盖的辐射。"穿井"后因有难熔的大块炉料存在，既可使电极缓慢下降，避免电弧烧伤炉底，又使电弧在炉料中埋弧时间增长，能很好地利用电能。

若有铁合金随料装入，则应根据各种合金的特点分布在炉内不同位置，以减少合金元素的氧化和蒸发损失。如钨铁、钼铁等不易氧化难熔的合金，可加在电弧高温区，但不应直接加在电极下面。对高温下容易蒸发的合金，如铬铁、金属镍等应加在电弧高温以外靠炉坡附近。

总之布料时应做到：下致密，上疏松；中间高，四周低，炉门口无大料。使得送电后穿井快，不搭桥，有利熔化的顺利进行。料罐布料情况如图3-2所示。

无论哪种料罐型式，料罐进入炉内桶底不宜距炉底太远，炉料一般应装在靠近2号电极高温区稍偏向炉门处，以便于吹氧和拉料。

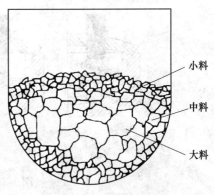

小料

中料

大料

图3-2　料罐布料示意图

3.4　熔　化　期

装料完毕，确认设备可以正常运转，开始通电，称为熔化期开始；至炉料熔化完毕，并将熔化的钢液加热到加矿或吹氧氧化所要求的温度时，称为熔化期结束。在电炉冶炼时熔化期约占全炉冶炼时间的50%~70%，熔化过程的电耗，占全炉冶炼总电耗的60%~80%，因此加强熔化期操作，提高炉料熔化速度，是缩短全炉冶炼时间和降低电耗的重要环节。

3.4.1　熔化期的主要任务

熔化期主要有以下四个方面的任务。

（1）在保证炉体寿命的前提下，合理供电，尽快使固体炉料迅速熔化成为均匀的钢液，提前造好熔化渣（以稳定电弧，并减少钢液的吸气及金属的挥发和氧化损失）。

（2）造好熔化渣，利用熔化末期炉温不高对去磷的有利条件，可去除钢液中50%~70%的磷，以减轻氧化期的去磷任务。

（3）加热钢液温度，为氧化期创造正常沸腾条件。

（4）正确控制熔化结束时钢液的各种化学成分，尤其应控制好钢液的熔毕碳量。对矿石氧化法使氧化期去碳量为0.3%~0.4%，矿石-吹氧法去碳量为0.3%以上，为以后氧化期创造有利条件。

完成上述任务，就是在熔化期作了部分氧化精炼期的工作，叫做熔-氧结合。它不仅减轻了氧化期的操作任务，而且使钢的纯洁度有所提高。

3.4.2　炉料的熔化过程及供电

装料完毕即可通电熔化。但在供电前，应调整好电极，保证整个冶炼过程中不切换电极，并对炉子冷却系统及绝缘情况进行必要的检查。炉内炉料熔化过程大致可分为四个阶段，如图3-3所示，与之相应的各个阶段情况不同，所以供电制度也应随之变化（见图3-4和表3-1），这样才能保证炉料的快速熔化。

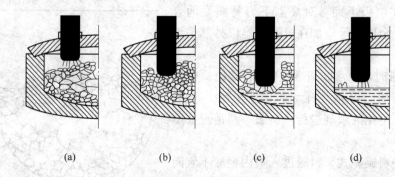

（a）　　　　　　（b）　　　　　　（c）　　　　　　（d）

图3-3　炉料熔化过程示意图

（a）起弧；（b）穿井；（c）电极回升；（d）熔清

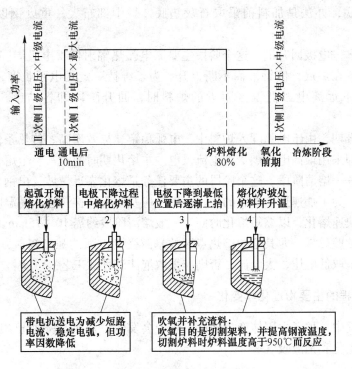

图 3-4 供电制度和炉料熔化过程的关系

表 3-1 炉料熔化过程与操作

熔化过程	电极位置	必要条件	方 法
起弧期	送电→1.5$d_{电极}$	保护炉顶	较低电压，顶布轻废料
穿井期	1.5$d_{电极}$→炉底	保护炉底	较大电压，石灰垫底
电极回升	炉底→电弧暴露	快速熔化	最大电压
熔清	电弧暴露→全熔	保护炉壁	低电压、大电流，水冷加泡沫渣

第一阶段——起弧期。放下电极，通电起弧。开始通电时，手动强迫电极下降接触炉料，产生极大的短路电流，电极与炉料之间的空气被电离，当电极与金属炉料分开（手动换自动）时形成电弧。从送电起弧至电极端部下降 1.5$d_{电极}$ 深度为起弧期（约 2 ～3min）。在电弧的作用下，一少部分元素挥发，并被炉气氧化，生成红棕色的烟雾，从炉中逸出。此期电流不稳定，电弧在炉顶附近燃烧辐射。二次电压越高，电弧越长，对炉顶辐射越厉害，并且热量损失也越多。为了保护炉顶，在炉上部布一些轻薄小料，以便让电极快速插入料中，以减少电弧对炉顶的辐射；供电上采用较低电压、电流。

第二阶段——穿井期。这个阶段主要是电极穿井和熔化电极下面炉料的过程。由于自动功率调节器的作用，电极始终要与炉料保持一定距离，所以电极随着炉料的熔化而不断下降，在炉料中形成三个比电极直径大 30% ～40% 的深坑，称为电极穿井。大约经过 15 ～25min，电极即可降到最低位置，此时炉底已形成熔池，至此穿井期结束。

此期虽然电弧被炉料所遮蔽，但因不断出现塌料现象，电弧燃烧不稳定，供电上采取较大的二次电压、大电流或采用高电压带电抗操作，以增加穿井的直径与穿井的速度。但应注意保护炉底，办法是加料前采取石灰垫底，炉中部布大、重废钢以及采用合理的炉型。

第三阶段——电极回升期。这个阶段主要靠电弧热辐射使得电极周围的炉料被熔化，熔化的金属聚集在炉底，使钢液面不断上升。为了维持一定的电弧长度，电极也相应回升，最后仅剩下远离电弧低温区附近的炉料时，回升阶段即告结束。这一阶段约需 20～40min。

在电极回升期，由于电弧埋入炉料中，电弧稳定、热效率高、传热条件好，故应以最大功率供电，即采用最高电压、最大电流供电。主熔化期时间约占整个熔化期的70%。

第四阶段——熔清阶段。这个阶段的主要任务是熔化靠近炉坡，出钢口及炉门两侧等低温区的炉料。为了加速这些炉料的熔化速度，应及时将其推拉进入高温区或用氧气切割等办法，促使快速熔化，以缩短熔化时间。一般熔清阶段约需10～15min。

此阶段因炉壁暴露，尤其是炉壁热点区的暴露受到电弧的强烈辐射，故应注意保护。此时供电上可采取低电压、大电流，否则应采取泡沫渣埋弧工艺。

3.4.3　熔化过程的主要物理化学变化

在熔化过程中，炉料由固体变为液体，炉中会发生一系列的物理化学反应，如元素的挥发、元素的氧化和钢液吸气等。

3.4.3.1　元素的挥发

电弧是非常集中的热源，电弧柱的温度高达3000～6000℃，这个温度远远超过金属及其氧化物的沸点，就连最难熔的元素钨的沸点也在6000℃以下，因此炉料熔化时在电弧区内会发生元素的挥发现象。钢中主要元素的沸点见表3-2。

表3-2　元素的沸点（0.1MPa）

元素	Al	Mn	Si	Cu	Cr	Ni	Fe	Mo	W	Co
沸点/℃	2057	2152	2252	2310	2477	2732	2735	4804	5930	3200

除了这种直接挥发外，还可能先形成氧化物，然后氧化物在高温下挥发出去。如钼、钨等元素主要是这种间接挥发损失。

在熔化期，从炉门或电极孔逸出的红棕色烟雾，就是某些金属及其氧化物的挥发产物，其主要成分是微小的 Fe_2O_3 颗粒，因铁在炉料中所占比例最大，其沸点又较低，所以挥发量也最多。熔化时，金属挥发的总损失约在2%～3%。为了减少金属元素的挥发损失，必须提前造好熔化渣，减少钢液与电弧的直接作用机会，在随炉料装入铁合金时，应避免直接布置在电极下面，防止电弧与铁合金料直接接触。

3.4.3.2　元素的氧化

熔化期元素的氧化是不可避免的。因为炉内存在着氧（炉料表面的铁锈、炉气及吹氧助熔而引入的氧气都是炉内氧的来源）。各种元素的氧化损失取决于元素本身的特性和含量、冶炼方法、炉渣成分、炉料表面质量和吹氧强度等。

常见的元素氧化损失情况大致如下：

Si：一般氧化损失 70%～80%。普通废钢含 Si 0.17%～0.37%，熔清后残余的［Si］仅有 0.02%～0.05%。冶炼高合金钢时（如不锈钢），如配 Si 量大于 1.0%，则 Si 的氧化损失为 50%～70%（提温）。

Al、Ti 等为氧亲和力强的元素，熔清后几乎全部被氧化。

Mn：炉料中 Mn 含量≥0.5%，［Mn］的氧化损失约为 50%～60%；炉料中 Mn 含量≤0.5%时，［Mn］的氧化损失约为 30%～50%。

S：在熔化期的变化不明显。

P：与熔化期炉渣成分 Σ（FeO）大小、碱度有关，［P］在熔化期的氧化损失约为 40%～70%。

C：炉料中 C≤0.3%时，［C］在熔化期的氧化损失很少；炉料中 C≥0.3%，［C］的氧化损失为 20%～40%。

Fe：氧化损失取决于炉料表面质量、吹氧强度、熔化时间等，一般为 3%～5%。如废钢质量差、轻薄料较多，氧化损失可大大超过 5%。

同挥发损失相比，凡与氧亲和力大的元素，在熔化期的损失以氧化损失为主。凡与氧亲和力小的或不易氧化的元素，熔化期的损失以挥发为主。

3.4.3.3 钢液的吸气

气体的来源：铁锈（$Fe_2O_3 \cdot nH_2O$）或吸潮的炉料；炉气中的 O_2、H_2O、N_2。

在电弧高温作用下，由分子状被分解为［O］、［H］、［N］，因气体在钢液中的溶解度随温度的升高而增加。当固体炉料逐渐熔化变为液体时，这些被分解的原子状的［O］、［H］、［N］会直接或间接地通过渣层而溶解于钢液中。所以在经过熔化期后，钢液中的气体含量总是在逐渐增加的。

熔化期随着温度的升高，被熔化的金属液滴在自上而下的移动时，与炉气直接接触，不但面积大，而且时间也长，这就为金属液滴的吸气创造了有利的机会。

为减少钢液的吸气量，最有效的方法是尽早造好熔化渣；其次，及时做好吹氧助熔工作，由于碳氧反应使钢液产生沸腾，有利于降低钢液中的气体含量。

3.4.4 熔化期工艺操作要点

3.4.4.1 吹氧助熔

当电极到底后，炉底已经形成部分熔池，炉门附近的炉料已达到红热程度时（在950℃以上），应及时吹氧助熔，以利用元素氧化热加热、熔化炉料。吹氧不宜过早，否则所生成的氧化铁将积聚在温度尚低的熔池中，待温度上升时会发生急剧的氧化反应，引起爆炸式的大沸腾，导致恶性事故。合适的助熔氧压为 0.4～0.6MPa。吹氧助熔开始时应以切割法为主，先切割炉门及其两侧炉料（打开吹氧通道），后切割靠近电极"搭桥"的大块炉料，再切割炉坡附近的炉料。对炉坡附近炉料能用铁耙推拉进入熔池的，就不用氧气切割，以防止损坏炉衬。采用切割法有利于消除炉料搭桥现象，避免大塌料事故的发生。当炉料全浸入熔池后，立即在钢、渣界面吹氧提温，以尽快熔清废钢。如果配碳量偏低，可在渣面上吹氧助熔，以提高渣温为主，炉料熔化速度也较快；如果配碳量偏高，可浅插钢水吹氧助熔，这样升温降碳均较快，可获得更快的熔化速度。每吹 $1m^3$ 的氧气，节约电能 $4 \sim 6kW \cdot h$；每吨钢吹入约 $15m^3$ 的氧气，一般可缩短熔化时间 $20 \sim 30min$，可节电 $80 \sim 100kW \cdot h$。

3.4.4.2　造渣及脱磷

当炉料熔化了 80% 左右，应做好去磷的准备工作，调整好有利去磷的炉渣。它包括：合适的碱度；强的氧化性；足够的渣量及良好的流动性。

按脱磷的热力学条件，熔化期钢液温度较低，约为 $1500 \sim 1540℃$，这是难得的去磷的重要条件。在熔化中后期，由于采用吹氧助熔，钢液温度已在熔点以上，已能保证脱磷动力学条件的需要。如果在这时陆续加入碎矿石或氧化铁皮以及补加石灰（石灰加入量计算：可根据炉料中的含硅量，算出炉渣中 SiO_2 的含量，再根据熔化期炉渣所需的碱度计算。一般石灰加入量应在 2.0% ~ 2.5% 以上），加大造渣量，使总渣量在 3% ~ 5% 以上，碱度在 2.0 ~ 2.5，渣中 $w(FeO)$ 在 15% ~ 20% 左右，就可以使原料中的磷去除 50% ~ 70%。在炉料熔清后，先是自动流渣，而后扒去大部分炉渣重新造渣，可使氧化期时间大为缩短。

熔化期炉渣成分依钢种和操作条件的不同有所变化，大致成分如下：$w(CaO) = 30\% \sim 45\%$；$w(SiO_2) = 15\% \sim 25\%$；$w(MnO) = 6\% \sim 10\%$；$w(FeO) = 15\% \sim 25\%$；$w(MgO) = 6\% \sim 10\%$；$w(P_2O_5) = 0.4\% \sim 1.0\%$。

在冶炼高碳钢时，氧化期的脱磷工作比较困难，必须在熔化期将磷去除到规格之内，才允许转入氧化期操作。冶炼中、低碳钢时，氧化期去磷不是很困难的，即使熔清钢液中磷含量略高于钢的规格，可利用氧化期脱碳沸腾和自动流渣方法顺利完成脱磷任务。目前很多工厂已把氧化期的脱磷任务提前到熔化期来完成，使炉料熔清时钢中磷含量进入规格，这样氧化期就可以吹氧升温脱碳，而无需再去脱磷。

炉料熔化至 90% 时，经搅拌后取参考试样，分析钢中 C、P 等主要元素（含残余元素），确定氧化工艺操作，决定所炼钢种。

当炉料全熔后，根据钢中磷含量高低，进行自动流渣（$w[P] \leqslant 0.015\%$、加小矿、倾炉流渣），或扒除部分炉渣（$w[P] \geqslant 0.02\%$、扒渣 50% ~ 80%），为进入氧化期创造条件。当炉料熔清，碳含量不能满足所冶炼钢种去碳量的要求时，一般应采取先扒渣增碳后造新渣的操作方法，也可采取推渣增碳的方法。

当炉料熔化完毕，一般应有 $10 \sim 15min$ 的升温时间，在温度合适及渣况良好条件下，便可进入氧化期操作。

3.4.5　加速炉料熔化的措施

加速炉料熔化主要有以下措施。

（1）快速补炉和合理装料。快速补炉，目的在于最大限度地利用上一炉出钢后炉衬的余热，在 $3 \sim 5min$ 内补好炉子并快速装料，使炉料能够有效地吸收炉衬的余热，为通电平稳起弧和加速熔化创造条件。合理装料，要求炉料有合适的块度搭配和提高装料密度，可减少装料次数，同时炉料在炉内的合理布置为有效吸收电弧热能使炉料得以快速熔化。

（2）提高变压器的输出功率。国内很多电炉普遍采用扩大装入量的办法来增加电炉钢的产量。采用强制循环油冷或双水内冷变压器，对变压器外壳进行风冷或喷雾、喷水冷却，提高变压器油与绕组的绝缘级别，使变压器允许过载 30% ~ 50%。但变压器油面温度不允许高于 85℃，一般应经常保持在 60 ~ 70℃ 以内。另外，在熔化期应尽可能少用电抗器，也可以增加变压器的输入功率。

采用超高功率供电，是用增加单位时间内输入电能的方法，缩短熔化时间和升温时间，可缩短熔化期一半左右的时间，使钢产量提高一倍以上。超高功率电炉具有独特的供电制度，在整个冶炼过程中采用高功率供电，其中熔化期采用高电压、长电弧快速化料，熔化末期采用埋弧泡沫渣操作，促使熔池升温和搅拌，以保证熔体成分和温度均匀以及减轻炉衬的热负荷。

（3）吹氧助熔。吹氧可以使金属中的铁、硅、锰、碳等元素发生直接氧化反应，同时放出大量的热量，提高熔池温度，促使炉料熔化，从而起到助熔作用。此外，吹氧可以切割废钢，使整个炉料趋于均匀熔化，还可搅动钢水，提高传热效率，一定程度上有去气体去夹杂能力。

（4）烧嘴助熔。在电炉上采用烧嘴助熔，使电炉炼钢增加了外来热源。烧嘴助熔使用的燃料有：重油、煤气、天然气、甲烷等，使用的氧化剂有纯氧或富氧空气以及空气。助熔的烧嘴可以从炉门插入，大型电炉则从炉壁的三个冷点区伸入烧嘴，来加速炉料熔化、缩短熔化期，越来越受到人们的重视，并取得了一定的效果。

（5）废钢预热。废钢经过炉外预热，可以缩短熔化时间，降低电耗。还能消除炉料中的水分、油污，通电时可以增加电弧的稳定性和提前吹氧助熔，对减少钢中气体和保证顺利操作都有好处。废钢经过预热，使所需要的能量减少。这意味着，变压器输入功率不变，熔化期将相应按比例缩短。

（6）开发、推广二次燃烧技术。二次燃烧技术是电炉取得能量的最经济方法，它的原理是向炉内熔池上部吹氧，使氧化反应生成的 CO 大多数进一步氧化为 CO_2，反应生成的热量传至炉料或熔池。利用炉气化学能，可加快废钢熔化，提高生产率 5% ~ 15%，降低电耗 $25 ~ 40 kW \cdot h/t$，但要多消耗约 $10 m^3/t$ 的氧气。

（7）执行泡沫渣工艺，提高热能利用系数。泡沫渣工艺是超高功率电炉的配套工艺，它是在不增大渣量的前提下，使炉渣呈很厚的泡沫状，以屏蔽电弧，保护炉衬，提高电弧对熔池的加热效率。熔化末期造泡沫渣，有利于加速熔池残余废钢的熔化和钢液升温工作。常用的造泡沫渣方法有：加矿石吹氧结合加焦炭粒；喷吹炭粉加吹氧加矿石等方法。采用泡沫渣后加热效率可达 60% 以上，节电 $10 ~ 30 kW \cdot h/t$，缩短冶炼时间 14%。

（8）缩短熔化期的其他措施。随着电炉变压器输出电流的增大，改进短网布置，增大短网导体截面积，改用大直径和高导电能力的电极，缩短短网长度，使短网导电能力和电效率均能得到提高。

采用留钢留渣操作，将注余钢水和热渣回炉，可以充分利用剩余钢水和炉渣的物理热，并可提前吹氧助熔，从而缩短熔化时间并降低电耗。

3.5 氧 化 期

要去除钢中的磷、气体和夹杂物，必须采用氧化法冶炼。氧化期是氧化法冶炼的主要过程。传统冶炼工艺，当废钢等炉料完全熔化，并达到氧化温度，磷脱除 70% 以上时便进入氧化期，这一阶段到扒完氧化渣为止。为保证冶金反应的进行，氧化开始温度应高于钢液熔点 50~80℃。

3.5.1　氧化期的任务

氧化期主要有以下几方面的任务。

（1）进一步降低钢液中的磷含量，使其低于成品规格的一半（见表3-3）。考虑到还原期及钢包中可能回磷，一般钢种要求氧化末期 $w[P] \leqslant 0.015\% \sim 0.010\%$。炼高锰钢时，由于锰铁中含磷高，应控制得更低些。

表3-3　钢中成品磷含量对氧化末期去磷要求

规格磷含量/%	≤0.4	≤0.035	≤0.03	≤0.025	≤0.020
扒渣前磷含量/%	≤0.02	≤0.015	≤0.012	≤0.010	≤0.008

（2）去除钢液中气体和非金属夹杂物。氧化期结束时 $w[N]$ 降到 $0.004\% \sim 0.007\%$，$w[H]$ 降到 3.5×10^{-6} 以下，夹杂物总量不超过 0.01%。

（3）加热和均匀钢水温度。使氧化末期温度高于出钢温度 10~20℃，为还原期造渣，加合金创造条件。

（4）控制钢中的含碳量。考虑到还原期脱氧和电极增碳，氧化末期的含碳量一般低于钢种规格下限 0.03%~0.08%。对某些密封性较差、炉容量偏小的电炉，在扒除氧化渣过程中降碳较多，氧化末期钢中含碳量应控制在钢种规格中限范围。氧化期的主要任务是去磷和脱碳，去除钢中气体、夹杂和钢液升温是在脱碳过程中同时进行的。

为了完成上述任务，配料时就必须把碳量配得高出所炼钢种碳规格上限的一定量，使熔清时钢中碳含量超出规格下限 0.3%，以供氧化期氧化碳的操作所用。同时还必须向熔池输送氧，制造高氧化性的炉渣，氧化碳、磷等元素。电弧炉广泛使用的氧化剂是铁矿石和氧气。

3.5.2　氧化期的氧化方法

氧化期的氧化方法分为：矿石氧化法、吹氧氧化法和综合氧化法。

（1）矿石氧化法。矿石氧化法是一种间接氧化法，它是利用铁矿石中的高价氧化铁（Fe_2O_3 或 Fe_3O_4），加入到熔池中后转变成低价氧化铁（FeO），FeO 小部分留在渣中，大部分用于钢液中碳和磷的氧化。此法可应用于缺乏氧气的地方小厂。矿石氧化法炉内冶炼温度较低，致使氧化时间延长，但脱磷和脱碳反应容易相互配合。

工艺流程：熔化→提温→流渣造渣→加矿（分 2~3 批加入，加矿数量占金属料重的 3%~4%）→扒去 1/3~1/2 的氧化渣→$w[C] < 20.2\%$，$w[Mn] < 0.2\%$ 左右→纯沸腾 10min 扒除氧化渣。

（2）吹氧氧化法。吹氧氧化法是一种直接氧化法，即直接向熔池吹入氧气，氧化钢中碳等元素。单独采用氧气进行氧化操作时，在含碳量相同的情况下，渣中 FeO 含量远远低于用矿石氧化时的含量。因此停止吹氧后熔池比用矿石氧化时容易趋向稳定，熔池温度比较高，钢中 W、Cr、Mn 等元素的氧化损失也较少，但不利于脱磷，所以在熔清后含磷量高时不宜采用。

在原料含磷量不高的情况下，应在装料中加入适量石灰及少量矿石提前在熔化期脱磷。对冶炼高碳钢，由于炉料易于熔化，要抓紧在金属炉料大半熔化时（钢液占整个料重的 70% ~ 80%）开始积极调渣，达到早期去磷的效果，否则进入氧化期后去磷就困难了。熔炼低碳钢炉料化得慢，但化好后，钢液温度也迅速升高，所以也要注意早期调渣，同样可达到早期去磷的效果。

当钢中磷含量基本符合要求后，要迅速加入石灰、萤石调渣，使钢液迅速加热，同时起到防止回磷的作用。

采用吹氧脱碳（与综合氧化法后期吹氧操作工艺相同）可在较低的温度下进行，使熔池中气体的原始含量较低，而脱碳速度却比加矿脱碳速度高，因此可在脱碳量不大（>0.2%）的情况下，仍能保证金属的去气和去除夹杂物，而且不用矿石脱碳，相对减少了钢中气体和非金属夹杂物的带入量，从而提高了钢液的纯洁度。

（3）综合氧化法。综合氧化法系指氧化前期加矿石、后期吹氧的氧化工艺，并共同完成氧化期的任务。这是生产中常用的一种方法。

前期加矿，可使熔池保持均匀沸腾，自动流渣，使钢中的磷含量顺利去除到 0.015% 以下。后期吹氧，可提高脱碳速度，缩短氧化时间（特别是炼低碳钢），降低电耗，使熔池温度迅速提高到规定的氧化末期温度，也有利于钢中气体和夹杂物的排除，减少钢中残余过剩氧含量。

当炉料熔清以后，充分搅拌熔池，取样分析钢中 C、Mn、P、S 及 Ni、Cr、Cu 等元素，在［P］高于 0.03% 时，可向炉渣加入铁皮或小块矿石，并进行换渣操作。

当钢中磷含量小于 0.03%；脱碳量不小于 0.3%；温度高于规定温度；就可加入矿石进行氧化操作。综合氧化法的加矿和吹氧的比例视钢中磷含量高低而定，钢中磷高时可提高矿石氧化比例。综合氧化法一般矿石加入量占金属料质量的 1% ~ 3%。当矿石加入量为 1% 时，可一批加入；当矿石加入量为 2% ~ 3% 时，应分为两批加入。每批矿石间隔时间为 5 ~ 7min（陆续加入一批矿石不少于 5min），在加入每批矿石的同时，应补加占矿石量 50% ~ 70% 的石灰及少量萤石调渣。在加完矿石 5min 之后，经搅拌取样分析钢中 C、P 及有关元素。炉前工根据炉渣、炉温、加矿的数量及时间，以及流渣和换渣等情况，加上对碳火花的识别，凭经验判断出当时炉中钢液的碳、磷含量范围，在 $w(P) \leqslant 0.015\%$ 时即可进入吹氧操作。如果 $w(P) > 0.015\%$ 时，可换渣后再进入吹氧操作。吹氧压力一般控制在 0.5 ~ 0.8MPa（不锈钢可达 0.8 ~ 1.2MPa），吹氧管直径选用 19 ~ 25mm（外涂约 5mm 厚的耐火泥），过细的吹氧管烧蚀极快；吹氧去碳的速度一般控制在每分钟 0.02% ~ 0.04%；连续吹氧时间应不少于 5min。

在吹氧操作时，控制吹氧管与水平角度成 20° ~ 30°（先小后大），吹氧管插入钢液面以下 100 ~ 200mm 深度。为了均匀脱碳，防止钢液和炉衬局部过热，吹氧管应在炉内来回移动，但应注意吹氧管头不能触及炉坡、炉底及炉门两侧。为改善吹氧操作的劳动条件，可采用炉顶水冷升降氧枪及炉门水冷卧式氧枪。炉顶水冷升降氧枪机械化控制水平较高，适用于大型电弧炉。炉门水冷卧式氧枪喷头（喷头与水冷导管成一定角度，喷头为直管或拉瓦尔管）可安放在电炉熔池中心，脱碳速度（氧压为 0.8 ~ 1.2MPa）及热效率（停电升高电极进行吹氧操作）较高，氧枪操作及管理较为方便。

吹氧操作氧化终点碳量的控制最为关键。在吹氧后期炉前工应取样估碳，当确认钢中碳含量已合乎氧化终点碳量的规定时（一般低于钢种规格中限 0.03% ~0.08%），应立即停止吹氧以期防止终点碳脱得过低，造成后期增碳；或脱碳量不足而造成二次氧化。在氧化结束时，$w[P] \leqslant 0.015\%$，钢液温度高于出钢温度 10~20℃，炉渣流动性合适，如果操作中规定需要加入锰铁时，应在扒渣前 5min 加入，保持 5min 的清洁沸腾时间，立即扒除氧化渣。净沸腾操作。当温度、化学成分合适，就应停止加矿或吹氧，继续流渣并调整好炉渣，使成为流动性良好的薄渣层，让熔池进入微弱的自然沸腾，称为净沸腾。净沸腾时间约为 5~10min，其目的是使钢液中的残余含氧量降低，并使气体及夹杂物充分上浮，以利于还原期的顺利进行。在冶炼低碳结构钢时，由于钢中过剩氧量多，应按 0.2% 计算加锰预脱氧，并可使碳不再继续被氧化，称为锰沸腾。有人认为，这时用高碳锰铁可以出现一个二次沸腾，较为有利；也有人认为，加入硅锰合金可使预脱氧的效果更好。这两种观点各有理由，目前尚无定论。在沸腾结束前 3min 充分搅拌熔池，然后进行测温及取样分析，准备扒除氧化渣。在熔清后钢液中磷含量不高的条件下，加矿与吹氧可以同时进行（或交替进行），并可提高吹氧氧化脱碳的比例，达到较好的技术经济指标。

3.5.3　氧化去磷

脱磷反应是界面反应，由下列反应组成：

$$2[P] + 5(FeO) = (P_2O_5) + 5[Fe] \qquad \Delta H^{\ominus} = -261.24 \text{kJ/mol} \qquad (3-9)$$

$$(P_2O_5) + 3(FeO) = (3FeO \cdot P_2O_5) \qquad \Delta H^{\ominus} = -128.52 \text{kJ/mol} \qquad (3-10)$$

$$(3FeO \cdot P_2O_5) + 4(CaO) = (4CaO \cdot P_2O_5) + 3(FeO) \quad \Delta H^{\ominus} = -546.4 \text{kJ/mol}$$
$$\qquad (3-11)$$

$$2[P] + 5(FeO) + 4(CaO) = (4CaO \cdot P_2O_5) + 5[Fe] \qquad \Delta H^{\ominus} = -954.24 \text{kJ/mol}$$
$$\qquad (3-12)$$

其平衡常数为：

$$K_P = \frac{a_{(4CaO \cdot P_2O_5)}}{(w[P])^2 \cdot a_{(FeO)}^5 \cdot a_{(CaO)}^4} \qquad (3-13)$$

启普曼认为去磷反应的平衡常数 K_P 和温度之间的关系式为：

$$\lg K_P = \lg \frac{a_{(4CaO \cdot P_2O_5)}}{(w[P])^2 \cdot a_{(FeO)}^5 \cdot a_{(CaO)}^4} = \frac{40067}{T} - 15.06 \qquad (3-14)$$

在炼钢条件下，脱磷效果可用熔渣与金属中磷浓度的比值表示，称为磷的分配系数，即：

$$L_P = \frac{w(P)}{w[P]} \text{ 或 } L_P = \frac{w(P_2O_5)}{(w[P])^2} \text{ 或 } L_P = \frac{w(P_2O_5)}{w[P]} \text{ 或 } L_P = \frac{w(4CaO \cdot P_2O_5)}{(w[P])^2} (\text{又称脱磷指数})$$

由以上论述可得出脱磷的热力学条件。去磷的基本条件是提高渣中 FeO、CaO 的活度和较低的熔池反应温度。

目前电炉中脱磷总的趋向是把氧化期的脱磷任务大部分提前到熔化期内进行，使进入氧化期时钢中的磷含量已降到规格范围之内，在氧化初期再进一步将磷氧化到规格含量的一半以下。在操作上通过加入石灰和矿石，不断地流渣或扒渣，加强搅拌和控制较低的反应温度，就可以顺利脱磷。

（1）温度的影响。脱磷是一个放热反应，按照热力学观点，低温有利于放热反应进行。脱磷指数与温度的关系见图3-5。在钢液温度为1550℃时，为使 $L_p = 100$，需要 $R \approx$ 2.0～2.5，$w(FeO) = 10\%$ 即能达到去磷要求。而在 1650℃ 却需要 $R \approx 2.5 \sim 3.0$，$w(FeO) = 20\%$，才能达到温度在1550℃时相同的脱磷效果。生产实践证明，熔化后期和氧化初期，熔池温度较低，对脱磷是有利的，应抓紧时间完成脱磷任务。但应指出，温度过低将使炉渣的流动性变差，石灰溶解缓慢，去磷反应也不易进行，熔化后期的吹氧助熔，提高了熔池的温度，改善了钢液和炉渣的流动性，并利用吹氧在钢渣界面产生良好的沸腾，增大了钢渣接触界面，使脱磷反应得以顺利进行。所以，对于去磷，必然存在着一个适当的温度范围，一般认为这一温度范围是 1470～1530℃。

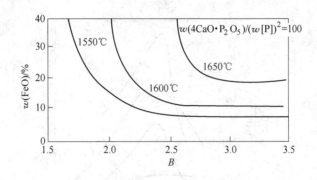

图3-5 脱磷指数与温度的关系

（2）炉渣氧化性的影响。炉渣必须有一定的氧化性，这是脱磷的首要条件。炉渣的氧化性主要取决于渣中的 $w(FeO)$ 含量，渣中的 $w(FeO)$ 含量高，则其氧化性就强，反之则低。炉渣的脱磷能力随着渣中 $w(FeO)$ 含量的增加而提高，但并不是 $w(FeO)$ 含量越高越好，$w(FeO)$ 含量过高的炉渣，碱度很低，其脱磷能力反而下降。实践证明：在 $w(CaO)/w(SiO_2)$ 比值一定时，$w(FeO) = 12\% \sim 18\%$ 对脱磷最有利（图3-6）。

（3）炉渣碱度的影响。炉渣中的 CaO 是脱磷的充分条件。$w(SiO_2)$ 含量增加，碱度就下降，当 $w(SiO_2)$ 大于30%时，炉渣几乎没有脱磷能力。实践证明：只有当 R 在2.5以下时，用 CaO 提高碱度才对去磷反应产生显著作用。如果 $R > 3.0$ 以后，继续增加 $w(CaO)$ 含量，会使炉渣变稠，反而不利于磷的氧化反应。这时提高渣中 $w(FeO)$ 含量，则能显著地提高炉渣的脱磷能力（图3-7）。

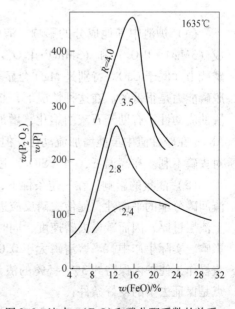

图3-6 渣中 $w(FeO)$ 和磷分配系数的关系

渣中 CaO/FeO 的比值与脱磷也有一定关系，

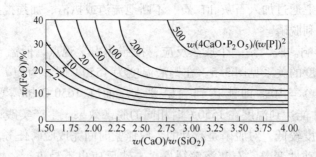

图 3-7　炉渣碱度、$w(FeO)$ 与脱磷指数的关系

如图 3-8 所示。当 $w(CaO)/w(FeO)=2.5\sim3.5$ 时，磷的分配比值可以达到最大。因为这个比值在保持磷氧化的同时，又促进了磷氧化物结合成稳定的 $4CaO\cdot P_2O_5$ 化合物。

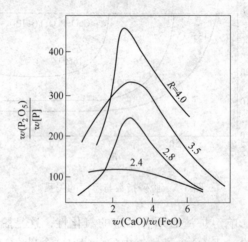

图 3-8　$w(CaO)/w(FeO)$ 与磷分配系数的关系

（4）炉渣中其他成分的影响。渣中 MgO 和 MnO 是碱性氧化物，也能与（P_2O_5）生成（$3MgO\cdot P_2O_5$）和（$3MnO\cdot P_2O_5$），也有脱磷的作用，但不如 $4CaO\cdot P_2O_5$ 稳定，脱磷能力远低于 CaO。特别是 MgO 会显著降低炉渣流动性，当其含量高于 10% 时，炉渣的脱磷能力是很低的。在这种情况下，必须采用换渣操作。渣中加入适量的 CaF_2 能改善炉渣的流动性，有助于石灰的熔化，增加渣中 CaO 的有效浓度，因此有利于脱磷。SiO_2 和 Al_2O_3 在碱性渣中虽能增加流动性，但会降低炉渣的碱度，即降低（CaO）的有效浓度而对去磷不利。在高温下，当（SiO_2）过高时还会发生回磷反应。

（5）渣量的影响。在一定条件下，增大渣量必然降低渣中 P_2O_5 的百分含量，破坏钢渣间磷分配的平衡性，促使去磷反应进行，使钢中磷降得更低。但渣量过大，会使钢液面上渣层过厚，因而减慢去磷速度，同时还影响了钢液的沸腾，使气体及夹杂物的排除受到影响。实际生产中，当熔清磷大于 0.06% 才采用换渣操作，熔清磷小于 0.04% 则采用流渣操作，使炉内保持约 3%～5% 的渣量，即可取得良好的去磷效果。实践证明，以下几点是保证去磷的良好条件：

1）炉渣 $w(FeO)=12\%\sim20\%$，$R=2.0\sim3.0$，$w(CaO)/w(FeO)=2.5\sim3.5$，流动

性良好；

　　2）控制适当偏低的温度；

　　3）采用大渣量及换渣、流渣操作；

　　4）加强钢渣搅拌作用。

　　此外，钢中硅、锰、铬、碳等元素对磷的氧化也有较大的影响。只有在硅几乎氧化完以及锰、铬氧化到小于0.5%后，磷才能较快地氧化。理论与实践都证明，电炉与转炉相比有着良好的去磷效果，因为转炉使用大量铁水，金属液中的$w[Si]$、$w[Mn]$、$w[C]$含量都偏高，而熔池温度的控制远不如电炉操作方便，因此电炉可将钢中的磷去除到很低的水平。但冶炼高铬钢时，磷无法靠氧化去除，必须严格控制炉料中的含磷量。

　　碳在低温时与氧的作用比较缓慢，因此炉渣中有足够的FeO含量时并不妨碍磷的氧化。但是在较高的温度下，碳的氧化激烈，此时磷的氧化缓慢，甚至停止氧化而产生回磷现象。因此，在实际操作中应该利用熔炼前期温度较低的条件，趁碳氧反应没有充分发展以前，尽快地将磷降下来。钢液中含碳量增加，阻碍磷氧化的趋势相应加大，所以高碳钢比低碳钢脱磷要困难些，在其他条件相似时，更应控制熔池温度，不要升温过快过高。

　　吹氧氧化时熔池温度上升很快，脱磷的热力学条件变差，不如矿石法氧化对脱磷有利。但只要做好熔化期的脱磷工作，在氧化初期吹氧脱碳，熔池温度升高，可以使高碱度、高氧化性的炉渣具有良好的流动性，同样具备脱磷条件。

3.5.4　钢液脱碳

3.5.4.1　加矿石脱碳

　　加矿石脱碳时，矿石中的高价铁吸热变为低价氧化亚铁，即：

$$Fe_2O_3 = 2(FeO) + 1/2(O_2) \qquad \Delta H^{\ominus} = 340.2 kJ/mol \qquad (3-15)$$

氧化亚铁由炉渣向钢液的反应扩散转移：

$$(FeO) = [Fe] + [O] \qquad \Delta H^{\ominus} = 121.38 kJ/mol \qquad (3-16)$$

钢液中氧和碳在反应区进行反应，生成一氧化碳，一氧化碳气体分子长大成气泡，从钢液中上浮逸出，进入炉气。

$$[O] + [C] = \{CO\} \qquad \Delta H^{\ominus} = -35.742 kJ/mol \qquad (3-17)$$

总的反应式表示为：

$$(FeO) + [C] = [Fe] + \{CO\} \qquad \Delta H^{\ominus} = 85.638 kJ/mol \qquad (3-18)$$

　　上述过程包括反应物的转移（扩散）、化学反应、生成物的长大及排除三个步骤。对于矿石法脱碳反应来说，FeO由炉渣向钢液的扩散以及脱碳的总过程都是吸热反应。在炼钢温度下，碳氧反应本身是能够顺利进行的。CO气泡能顺利地在炉底及钢液中悬浮的固体质点形成核心，然后长大上浮逸出。所以生成物的排除也是很容易的，而FeO的扩散是决定反应速度的关键因素。

　　矿石法脱碳操作要点应该是：高温、薄渣、分批加矿、均匀激烈的沸腾。矿石的加入量必须适当。如果加入矿石过多，氧化末期钢中碳含量会降得过低，钢中剩余氧含量又会过高，给还原期操作带来困难，而且浪费矿石，延长冶炼时间。相反，加入量太少，脱碳量又不够。为此必须对铁矿石的加入量要有一个大致的估算，并与炉前矿石加入量的经验数据结合起来，做到准确加矿。

铁矿石加入炉内经吸热产生分解反应，以 FeO 形式提供氧使元素氧化。铁矿石加入量主要考虑：各种杂质元素（C、Si、Mn、P）氧化所需的 FeO 量，氧化末期钢中的含氧量（$w[O]_{实} \approx 0.03\%$）所需的 FeO 量以及氧化末期渣中 FeO 达到的含量（15% ~ 20%），由此可用式（7-20）粗略计算所需矿石用量 $Q_矿$。

$$Q_矿 = \frac{1000 \times 渣量百分比 \times w(FeO)}{1.215} + 42.2w(\Delta[Si]) + 10.7w(\Delta[Mn]) +$$

$$47.7w(\Delta[P]) + 49.3w(\Delta[C]) + \frac{1000 \times w[O]_{实}}{0.27} \tag{3-19}$$

式中，$Q_矿$（kg/t）为1t 钢水氧化所需要的铁矿石量；1.215 和 0.27 是表示 1kg 赤铁矿（含 Fe_2O_3 为90%）能提供的 FeO 量和纯氧量；$w(\Delta[Si])$、$w(\Delta[Mn])$、$w(\Delta[P])$、$w(\Delta[C])$是被氧化去除的百分含量（%）；系数 42.2、10.7、47.7、49.3 分别指 1t 钢水氧化去除 1% 的 Si、Mn、P、C 所需的铁矿石量（kg）。

上述计算是按平衡条件计算的理论值，实际供氧量要大于平衡值。实际矿石用量，还与炉渣碱度、钢液和炉渣的温度及流动性、钢液含碳量等有关。若炉渣碱度大、流动性差、钢液含碳低，则矿石用量就大。根据大量实践的结果，生产中每脱碳 0.01% 时，钢中含碳量与矿石用量的关系见表 3-4。

为便于记忆和操作，可认为每脱碳 0.01%，每吨钢大致用矿石 1kg，然后视钢中含碳量及炉温情况酌情增减。

表 3-4　脱碳 0.01% 时钢中含碳量与矿石用量关系

$w[C]/\%$	>0.3	0.2	0.10	0.08	0.06	0.04
矿石用量/kg·t^{-1}	0.7 ~ 0.8	1.0	1.6	1.8	2.7	5.8

3.5.4.2　吹氧脱碳

在氧化期将氧气直接吹入熔池，从根本上改善熔池的供氧条件，大大加速传质、传热和化学反应过程，能显著提高脱碳速度，强化熔池沸腾，提高钢液温度，扩大钢种冶炼范围，改善钢的质量。

当氧气压力足够，吹入钢液中的氧能迅速细化为密集的气泡流。氧气压力愈大则氧气在钢液中愈呈细小的气泡。这些细小的氧气泡在钢液内可与 [C] 直接氧化反应，也可与 [C] 进行间接反应。

直接反应：　$[C] + 1/2\{O_2\} = \{CO\}$　　　$\Delta H^{\ominus} = -115.23 kJ/mol$　　（3-20）

间接反应：　$[Fe] + 1/2\{O_2\} = [FeO]$　　$\Delta H^{\ominus} = -238.69 kJ/mol$　　（3-21）

　　　　　　$[FeO] + [C] = \{CO\} + [Fe]$　　$\Delta H^{\ominus} = -46.12 kJ/mol$　　（3-22）

从以上反应可以看出，不论是直接氧化或间接氧化，吹氧去碳都是放热反应，不受温度限制；由于细小分散的氧气泡直接与钢液中碳接触，反应在气-液界面能进行，不存在受 [O] 扩散的限制问题，所以加速 C-O 反应速度可以用加大吹氧压力的方法来达到。

在电炉炼钢吹氧脱碳时，脱碳速度每分钟一般可达 0.025% ~ 0.050%（供氧强度为

$0.5m^3/(t \cdot min))$，但在钢液含碳量低于$0.2\% \sim 0.3\%$时，随着含碳量的降低，脱碳速度激剧下降（图3-9）。如果钢液中含碳量低时，氧化单位碳量所消耗的氧量就高，可采用增强供氧速度的办法，以保证脱碳速度。

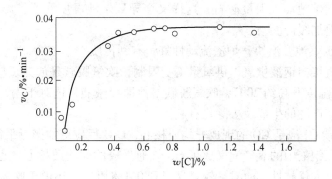

图3-9　钢液含碳量与脱碳速度间关系

还应注意到，当$w[C] < 0.2\% \sim 0.3\%$时，碳向反应地区的扩散速度降低，将小于氧向反应地区的扩散速度。此时采用增加碳扩散速度的措施，如提高熔池温度，有助于低碳范围脱碳速度的提高（图3-10）。在钢中碳含量很低且熔池温度也低时，若采用增大供氧量仅会使铁的氧化加剧。

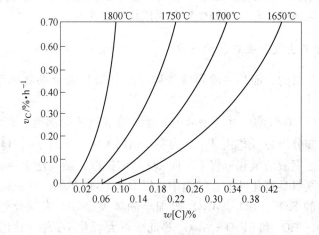

图3-10　温度对低碳钢液脱碳速度的影响

同矿石法脱碳一样，渣量对吹氧法脱碳速度也是有影响的。要获得高的脱碳速度，不仅需要供给和碳反应的氧量，而且至少还需要供给保持钢液和炉渣与钢中含碳量平衡的氧量。当钢液中与碳平衡的氧量增加时，炉渣中与碳量平衡的氧量也在增加，因此在其他条件相同时，减少渣量就等于减少进入渣中的氧量，增加与碳反应的氧量，所以在薄渣下吹氧脱碳，可以增大脱碳速度，特别是在冶炼低碳钢时更应如此。

3.5.4.3　吹氧脱碳与矿石脱碳的比较

（1）加矿脱碳速度（$0.01\%/min$）小于吹氧脱碳速度（$0.025\%/min$）。

吹氧脱碳没有矿石分解为FeO而吸热，并由渣向钢液中扩散这一缓慢过程，所以吹氧脱碳速度要比加矿脱碳速度大得多。一般来说，矿石脱碳速度约为 0.01%/min，而吹氧脱碳速度则可达 0.025%/min 以上。特别是当钢中碳含量降至 0.10% 以下时，用矿石降碳就十分困难，因为欲继续降碳，必须保证渣中有大量的 (FeO)，使 $w(O)_渣 > w[O]_实 > w[O]_平$，就必须向熔池加入大量矿石，这样又会导致熔池温度降低，影响 FeO 向钢液转移，使脱碳速度更加缓慢。

(2) 吹氧脱碳熔池升温快，炉渣流动性好，有利传质。

吹氧脱碳是直接向钢液供氧，供氧量不受限制，吹氧脱碳是放热反应，氧化 0.2% ~ 0.3% 的碳使熔池温度升高约 20℃，吹氧脱碳熔池搅拌激烈，这对于钢、渣的流动性，反应物的扩散和反应产物的生成及去除均有利。

(3) 吹氧脱碳 O_2 泡是 CO 的现成非均质核心，C-O 反应更加接近平衡。

吹氧脱碳吹入钢液中的氧气泡又成了 CO 气泡生成的非均质核心，也是 CO 形成的现成表面。由于吹氧的优越性，$w[C]$ 较容易降到 0.1% 以下。还由于吹氧脱碳的热力学和动力学条件良好，C-O 反应更加接近平衡，因此钢和渣中氧含量均低，从而减轻了还原期的脱氧任务，吹氧脱碳甚至可以取消氧化末期的纯沸腾时间。

(4) 矿石脱碳，渣中 (FeO) 含量高，有利于脱磷。

吹氧脱碳的缺点是熔池升温过快，渣中 $w(FeO)$ 较低，不利于钢的去磷。为了兼顾去磷和脱碳的要求，生产中广泛采用矿氧结合的综合氧化法，即前期采用矿石氧化，以保证去磷，后期吹氧氧化，以保证脱碳。在原料含磷量不高的情况下，或将去磷任务能放在熔化末期和氧化初期完成的，在氧化期应尽早采用吹氧氧化脱碳的操作。

3.5.4.4　脱碳与去气、去夹杂的关系

氧化期脱碳不是目的，而是去除钢液气体（氢和氮）及夹杂物的手段，以达到清洁钢液的目的。

钢水中碳氧生成 CO 气泡，并在钢液中上浮，造成钢液的沸腾。在刚生成的 CO 气泡中，气泡中氮和氢的分压力（P_{N_2}，P_{H_2}）为零。这时 CO 气泡对于 [H]、[N] 就相当于一个真空室，溶解在钢液的氢和氮将不断向 CO 气泡扩散，随气泡上浮而带出熔池。当钢液吹氧时气泡中的气氛是氧化性的，气泡中氢以 H_2O 形式存在，对脱氢有利。

悬浮在钢液中的 SiO_2、TiO_2、Al_2O_3 等细小固体夹杂物，在氧化性的钢液中易形成 $2FeO \cdot SiO_2$、$2FeO \cdot TiO_2$ 和 $2FeO \cdot Al_2O_3$ 等低熔点大颗粒夹杂物。钢液的沸腾一方面使夹杂物容易互相碰撞结合成更大的夹杂物，并上浮到渣面被炉渣吸收，另一方面，CO 气泡表面也会黏附一些氧化物夹杂上浮入渣。因此，氧化期脱碳造成熔池沸腾，有利于清洁钢液。在冶炼过程中，高温熔池会从炉气中吸收气体，而碳氧反应能使钢液去除气体，只有去气速度高于吸气速度时，才能使钢液中的气体减少。

去气速度取决于脱碳速度，脱碳速度愈高，钢液的去气速度就愈高。因此，脱碳速度必须达到一定值时，才能使钢液的去气速度高于吸气速度。根据生产经验，脱碳速度 $v_C \geqslant$ 0.6%/h，才能满足氧化期去气的要求。

有了足够的去气速度，还必须有一定的脱碳量，才能保证一定的沸腾时间，以达到一定的去气量。生产经验证实，在一般原材料条件下，脱碳速度 $v_C \geqslant 0.6\%/h$，氧化 0.3% 的碳就可以把气体及夹杂物降低到一定量的范围（夹杂物总量约 0.01% 以下，$w[H] \approx$

0.00035% ,$w[\mathrm{N}]\approx0.006\%$)。脱碳速度、脱碳量和氢含量的关系如图 3-11 和图 3-12 所示。

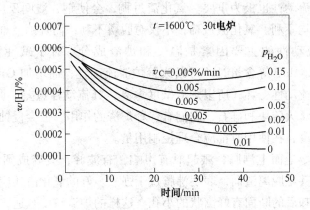

图 3-11 脱碳速度与氢含量的关系

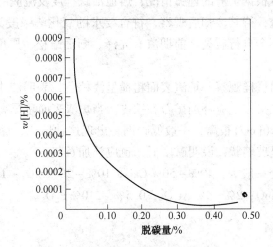

图 3-12 脱碳量和钢液氢含量的关系

必须指出，脱碳速度过高也不好，容易造成炉渣喷溅、跑钢等事故，对炉体的冲刷也严重，同时，过分激烈的沸腾会使钢液上溅而裸露于空气中，增大了吸气趋向。因此过快的脱碳速度和过多的脱碳量并无好处。

3.5.5 氧化期的炉渣和温度控制

3.5.5.1 炉渣控制

对氧化期炉渣的主要要求是：具有足够的氧化性能，合适的碱度与渣量，良好的物理性能，以保证能顺利完成氧化期的任务。

氧化过程的造渣应兼顾脱磷和脱碳的特点，两者共同的要求是：炉渣的流动性良好，有较高的氧化能力。不同的是：脱磷要求渣量大，不断流渣和造新渣，碱度以 2.5 ~ 3 为宜；而脱碳要求渣层薄，便于 CO 气泡穿过渣层逸出，炉渣碱度为 2 左右。氧化期的渣量是根据脱磷任务而确定的。在完成脱磷任务时，渣量以能稳定电弧燃烧为宜。一般氧化期渣量应控制在 3% ~5% 。

调整好炉渣的流动性也极为重要。氧化渣过稠，会使钢、渣间反应减慢，流渣困难，对脱磷与脱碳反应均不利。氧化渣过稀，不仅对脱磷不利，而且钢液难于升温，炉衬侵蚀加剧。影响炉渣流动性的主要因素是温度和炉渣成分。对于碱性渣提高渣中 CaF_2、Al_2O_3、SiO_2、FeO、MnO 等含量时，可以改善炉渣流动性；而增加 CaO、MgO、Cr_2O_3 等含量时，使炉渣的流动性变坏，所以炉渣碱度愈高，其流动性愈差。调整炉渣的流动性，常用的材料是萤石、火砖块和硅石，它们有稀释炉渣的作用，但会侵蚀炉衬，火砖块和硅石还会降低炉渣碱度，在使用时都应合理控制用量。

好的氧化渣在熔池面上沸腾，溅起时有声响，有波峰，波峰成圆弧形，表明沸腾合适。如波峰过尖，甚至脱离渣面，表明沸腾过于强烈。好的氧化渣还应是泡沫状，流出炉门时呈鱼鳞状，冷却后的断面有蜂窝状的小孔，这样的炉渣碱度合适，氧化性强，流动性好，夹杂物易被炉渣吸附，气体易排出，且有利于加热熔池和保护炉衬。

在实际操作中，可根据炉渣的埋弧情况，熔池活跃程度及流渣的情况等，对渣况作出判断。也常用铁棒蘸渣，待其冷却后观察，符合要求的氧化渣一般为黑色，有金属光泽，断口致密，在空气中不会自行破裂。前期渣有光泽，断面疏松，厚度 3 ~5mm；后期渣断面色黄，厚度要薄些。

不好的氧化渣取出渣样观察，炉渣表面粗糙呈浅棕色，表明渣中 $w(FeO)$ 太低，高碳钢易出现这种情况，在操作上应补加矿石和铁皮。当炉渣表面呈黑亮色，且黏附在样杆上的渣很薄，表明渣中 $w(FeO)$ 很高，一般低碳钢易出现这种情况，操作上应补加石灰。如果炉渣断面光滑甚至呈玻璃状，说明碱度低，也应补加石灰。

氧化末期炉渣成分一般为：40% ~50% CaO；10% ~20% SiO_2；12% ~25% FeO；4% ~10% MgO；5% ~10% MnO；2% ~4% Al_2O_3；0.5% ~2.0% P_2O_5。

3.5.5.2　温度控制

温度控制对于冶金反应的热力学和动力学都是十分重要的。从熔化后期就应该为氧化期创造温度条件，以保证高温氧化并为还原期打好基础。

由于脱碳反应须在一定的温度条件下才能顺利进行，在现场中无论是采用矿石氧化法还是综合氧化法及吹氧氧化法，都规定了开始氧化的温度。氧化终了的温度（扒渣温度）比开始氧化的温度一般应高出 40 ~60℃，原因是钢中许多元素已经氧化，使钢的熔点有所升高；另外，扒除氧化渣有很大的热量损失，而熔化还原渣料和合金料也需要热量，所以氧化结束时的温度，一般控制在钢的熔点（1470 ~1520℃）以上 110 ~130℃。电炉出钢温度应高出钢种熔点 90 ~110℃，即氧化末期扒渣温度，一般应高于该钢种的出钢温度10 ~20℃。

电炉冶炼各期钢液温度制度的控制如表 3-5 所示。氧化期总的来说是一个升温阶段，升温速度的快慢应根据脱碳、去磷两个反应的特点作适当控制。氧化前期的主要任务是去磷，温度应稍低些；氧化后期主要任务是脱碳，温度应偏高些。因此，在升温速度的控制上，要前期慢后期快，使熔池温度逐渐升高。

表 3-5　冶炼各期的钢液温度制度

钢　种	熔毕碳/%	氧化温度/℃	扒渣温度/℃	出钢温度/℃
低碳钢	$w[C] = 0.6 \sim 0.9$	1590~1620	1630~1650	1620~1640
中碳钢	$w[C] = 0.9 \sim 1.3$	1580~1610	1620~1640	1610~1630
高碳钢	$w[C] \geqslant 1.30$	1570~1600	1610~1630	1590~1620

氧化期钢液的升温条件比还原期有利得多。如果在还原期进行升温，不仅升温速度缓慢，还会给钢的质量与电炉炉衬造成不良影响，所以还原期理想的温度制度，应该是一个保温过程，一般是出钢温度低于氧化期的扒渣温度。

氧化期的升温速度主要靠供电制度作保证，一般情况下采用二级电压调整电流大小的供电操作制度。如果氧化期脱碳量较大，可采用吹氧降碳，以减少输入炉内的电功率；如果电炉超装量过大或变压器本身功率不足时，则整个氧化期可始终使用最高一级电压供电，以保证向炉内输入足够的功率。

综上所述，氧化期在处理去磷和脱碳的关系时，应遵守以下工艺操作制度：在氧化顺序上，先磷后碳；在温度控制上，先低温后高温；在造渣上，先大渣量去磷，后薄渣层脱碳；在供氧上，先矿后氧。

当钢液的温度、磷、碳等符合要求时，扒除氧化渣，造稀薄渣进入还原期。

3.5.6　增碳

如果氧化期结束时，钢液含碳量低于规格中限 0.08% 以上（还原期增碳及加入合金增碳不能进入钢种规格），则应在扒除氧化渣后对钢液进行增碳。

增碳剂一般采用经过干燥的焦炭粉或电极粉。电极粉所含水分、挥发物和硫含量都较低，是一种理想的增碳剂。为了稳定增碳剂的回收率，必须扒净氧化渣，同时搅拌钢液，可加快已经溶解的碳由钢液表面向内部扩散，因而可以提高回收率。生铁也可作增碳剂，但因其含碳量低、用量大，一般仅在增碳量小于 0.05% 时才使用。

增碳剂的回收率与增碳剂用量、密度，钢液中碳含量及温度等条件有关。在正常情况下，焦炭粉的回收率为 40%~60%，电极粉为 60%~80%，喷粉增碳为 70%~80%，生铁增碳时则为 100%。增碳剂的用量可用式（3-23）计算：

$$增碳剂用量 = \frac{钢水量 \times 增碳量}{增碳剂含碳量 \times 收得率} \tag{3-23}$$

增碳不是正常操作，会造成钢液降温和吸气，并使冶炼时间延长 5~10min。因此规定对碳素结构钢增碳量不超过 0.10%，对工具钢则不超过 0.15%。

3.5.7　氧化期的强化

氧化期的强化主要有以下五方面的方法。

（1）熔、氧结合，提前造渣脱磷。操作要点是配料的最低层是石灰和增碳剂，炉料熔化至 1/2 左右，开始吹氧助熔，不断加新渣料。

（2）以氧代矿，提高用氧水平。氧化期小脱碳量、高脱碳速度。技术关键是熔化期提前造渣脱磷。

（3）泡沫渣埋弧操作（整个冶炼周期都能用）。作用与转炉一样（加大钢-渣界面，加速反应），同时还能减少热损、保护炉衬。

（4）喷粉在氧化期的应用。喷粉在氧化期、还原期、钢包中都能应用，氧化期喷粉的目的主要在于强化去磷。方法是用氧气作载体气体，粉剂多为石灰粉、矿石粉和萤石粉组成。

（5）电炉与炉外精炼相结合。可只需很短的氧化期，脱气和排除夹杂物的任务留在精炼期完成。

3.6　还　原　期

从氧化末期扒渣完毕到出钢这段时间称为还原期。电炉有还原期是电炉炼钢法的重要特点之一。

3.6.1　还原期的任务

还原期的任务有以下几方面。

（1）脱氧——尽可能地去除钢液中溶解的氧（≤0.002% ~0.003%）和氧化物夹杂。

（2）脱硫——将钢中的硫含量去除到小于钢种规格要求，一般钢种 $w[\text{S}] < 0.045\%$，优质钢 $w[\text{S}]$ 为 0.02% ~0.03%。

（3）合金化——调整钢液合金成分，保证成品钢中所有元素的含量都符合标准要求。

（4）调温——调整钢液温度，确保冶炼正常进行并有良好的浇注温度。

这些任务互相之间有着密切的联系，一般认为钢液脱氧和去硫是还原期的主要矛盾，温度是条件，以造渣作为解决主要矛盾的手段。还原期脱氧是核心。

3.6.2　钢液的脱氧

电弧炉炼钢采用沉淀脱氧法与扩散脱氧法交替进行的综合脱氧法，即还原前期用沉淀脱氧进行预脱氧，还原过程用扩散脱氧，出钢前用沉淀脱氧进行终脱氧。

沉淀脱氧法及其反应式：　　$x[\text{M}]_{\text{块}} + y[\text{O}] \Longequal (\text{M}_x\text{O}_y)$　　　　　　　　　　（3-24）

扩散脱氧法及其反应式：

$$x(\text{M})_{\text{粉}} + y(\text{FeO}) \Longequal (\text{M}_x\text{O}_y) + y[\text{Fe}]$$　　　　　　（3-25）

$$[\text{FeO}] \longrightarrow (\text{FeO})　　（炉渣脱氧良好即说明钢液脱氧好）$$

第一步：在氧化末期转入还原期时进行预脱氧。即加入块状的 Mn-Fe 和 Si-Fe、Si-Mn-Fe 等，使钢液中氧迅速降至 0.01% ~0.02%；

第二步：当稀薄渣形成后，采用 C 粉、Si-F 粉、Si-Ca 粉、Al 粉等粉状脱氧剂进行扩散脱氧。在扩散脱氧时期内，钢液中沉淀脱氧的产物还有充分的上浮时间。

第三步：出钢前再用强脱氧剂 Al 块、Si-Ca 块等进行终脱氧。进一步降低钢液中氧 ≤0.002%，终脱氧产物大部分都能在浇铸前的镇静中上浮排除。深度脱氧还可在炉外精炼中进行。

综合脱氧是在还原过程中交替使用沉淀脱氧与扩散脱氧，可充分发挥两者的优点，弥补其不足之处，是一种比较合理的脱氧制度，既可提高钢的质量，又可缩短冶炼时间。

3.6.3 钢液的脱硫

碱性还原渣脱硫只有在电弧炉还原期或炉外精炼时才能实现，其主要特点是渣中的氧化铁含量很低，因而对脱硫十分有利。

3.6.3.1 脱硫反应

碱性电炉具有充分的脱硫条件。脱硫的原则是将完全溶解于钢中的 FeS 和部分溶解于钢中的 MnS 转变成为不溶于钢液而能溶于渣中的稳定 CaS，当 CaS 转入到炉渣中而得到去除。

认为，钢液中硫化物首先向钢-渣界面扩散而进入渣中：

$$[FeS] === (FeS) \tag{3-26}$$

渣中的（FeS）与游离的（CaO）相互作用：

$$(FeS) + (CaO) === (CaS) + (FeO) \tag{3-27}$$

脱硫的总反应为：

$$[FeS] + (CaO) === (CaS) + (FeO) \tag{3-28}$$

在电炉的还原期，在使炉渣强烈脱氧的同时还发生如下反应：

$$[FeS] + (CaO) + C === (CaS) + [Fe] + \{CO\} \tag{3-29}$$

$$2[FeS] + 2(CaO) + S === 2(CaS) + (SiO_2) + 2[Fe] \tag{3-30}$$

$$3[FeS] + 2(CaO) + (CaC_2) === 3(CaS) + 3[Fe] + 2\{CO\} \tag{3-31}$$

反应生成物为 CO 气体，或形成稳定化合物 $2CaO \cdot SiO_2$，这些反应均属不可逆反应。在碱性电炉的还原期，$w(FeO)$ 可以降低到 0.5% 以下，L_S 值可达到 30~50，这是其他炼钢方法所达不到的。

3.6.3.2 影响脱硫的因素

（1）炉渣碱度的影响。脱硫反应是通过炉渣进行的，渣中含有 CaO 是脱硫反应的首要条件。提高炉渣碱度，渣中自由 CaO 含量增多，炉渣的脱硫能力也增大。但碱度过高会引起炉渣黏稠而不利于脱硫反应进行。生产经验表明（图 3-13），只有当碱度为 2.5~3.0 时，炉渣才具有最大的脱硫能力，即硫的分配比 $L_S = w(S)/w[S]$ 最高。

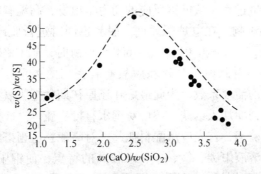

图 3-13　炉渣碱度与硫分配系数的关系

（$w[Mn] = 0.6\% \sim 0.8\%$; $w(FeO) = 0.5\% \sim 0.55\%$ ）

(2) 渣中（FeO）含量的影响。图 3-14 为各种冶炼方法的 L_S 与（FeO）浓度及碱度（用过剩碱表示）的关系。在电炉还原期，随着渣中（FeO）浓度降低有利于脱硫反应的进行。当 $w(FeO)$（FeO 的摩尔分数）降到 1% 以下时，L_S 与 $w(FeO)$ 之间具有线性关系，当 $w(FeO) < 0.5\%$ 时，L_S 显著提高。因此，在还原气氛下（$w(FeO) < 1\%$）的电炉炉渣，只要保持合适的碱度，脱硫效果是极为显著的。这也表明了脱氧和脱硫的一致性。

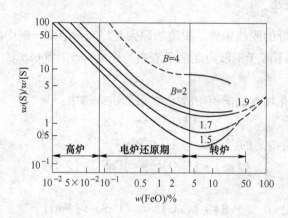

图 3-14　渣中（FeO）、过剩碱 B 对硫分配系数的影响

$$B = n(CaO) + n(MgO) + n(MnO) - 2n(SiO_2) - 4n(P_2O_5) - 3n(Al_2O_3) - n(Fe_2O_3)$$

(3) 渣量的影响。在保证炉渣碱度的条件下，适当增大渣量可以稀释渣中（CaS）浓度，对脱硫有利。但渣量过大使渣层变厚，钢液加热困难。渣量应控制在钢水量的 3% ~ 5%。还原期一般不换渣去硫，以免降温及增加钢中气体含量。当钢液含硫高时，可把渣量增大到 6% ~ 8%，并采用换渣脱硫操作。

(4) 温度的影响。脱硫反应的平衡常数 K_S 与温度的关系式为：

$$\lg K_S = -\frac{5506}{T} + 1.46 \tag{3-32}$$

在平衡条件下，K_S 与温度成正比，提高温度有利于脱硫。但 K_S 随温度的变化值不大，当温度由 1600℃ 提高至 1630℃ 时，K_S 值仅增加 11.0%，从热力学角度分析，温度影响并不显著。但在实际熔池中，脱硫反应并未达到平衡，而脱硫反应又是界面反应，钢中的硫向渣中扩散是这个反应的限制性环节，提高钢、渣温度可以改善其流动性，提高硫的扩散速度，从而加速脱硫过程。从炼钢反应的动力学出发，高温有利脱硫反应的进行。

(5) 脱氧对脱硫的影响。在电炉还原期，脱氧也同时进行脱硫。在 1420 ~ 1720℃ 范围平衡时，$w[S]\% \cdot w[C]\% = 0.011$；在 1600℃ 平衡时，$w[C]\% \cdot w[O]\% = 0.0025$。因此，$w[S]/w[O] \approx 4$。由此说明脱硫和脱氧有着密切的关系。当金属溶液中含有铝、硅、碳元素就能增大硫的活度系数，为此最好在还原初期就把脱氧元素加入钢液中，以利于脱氧和脱硫，在还原初期加入锰铁，还可对钢水直接去硫。

总之，为了获得低硫钢，首先应从配料抓起，对高硫料适当搭配，分散使用；在熔化期和氧化期，利用金属溶液中碳、锰、硅、磷较高的特点，使钢中 [S] 易向渣中转移，通过造高碱度流动性良好的炉渣，配合吹氧脱碳，适当提高熔池温度，以及流渣换渣操作，在熔化期和氧化期其去硫率在 15% ~ 35% 之间波动；在还原期，虽然脱硫条件较好，但因还原期钢-渣界面反应较少，使炉内 L_S 仅为 30 ~ 50，不易达到更好的脱硫效果。所以，在操作中应加强搅拌、吹气、喷粉或采用电磁搅拌；在出钢过程中应采用大口深坑，钢渣混出，使出钢过程渣、钢界面积提高约为炉内界面积的 35 倍，在钢包中 L_S 可达 80。出钢过程的脱硫率一般为 50% ~ 80%。

3.6.4 温度控制

还原期的温度控制尤为重要。因为还原精炼操作要求在一个很窄的温度范围内进行，如温度过高使炉渣变稀，还原渣不易保持稳定，钢液脱氧不良且容易吸气；温度太低时，炉渣流动性差、脱氧、脱硫及钢中夹杂物上浮等都受到影响；温度还影响钢液成分控制，影响浇注操作与钢锭（坯）质量。

氧化末期钢液的合理温度，是控制好还原期温度的基础。在正确估算氧化末期降温，造还原渣降温，合金化降温的基础上，合理供电，能保证进入还原期后在 10 ~ 15min 内形成还原渣，并保持这个温度直到出钢。扒渣后还原期的温度控制，实际上是保温过程。在供电制度上，加入稀薄渣料后，一般用中级电压（2 ~ 3 级）与大电流化渣，当还原渣一旦形成，应立即减小电压（3 ~ 5 级电压），输入中、小电流的供电操作。如系变压器功率不够或超装严重时，在整个还原期宜采用 2 级电压，只进行调整电流的操作。在温度控制上，应严格避免在还原期进行"后升温"。

出钢温度取决于钢的熔点及出钢到浇注过程的热损失。一般取高出钢种熔点 100 ~ 140℃，对于连续铸钢可选取上限，大炉子可取下限，即：

$$t_{出钢} = t_{熔点} + (100 ~ 140℃) \tag{3-33}$$

3.6.5 炉渣控制

电炉炼钢还原期炉渣碱度控制在 2.0 ~ 2.5 的范围内，还原渣系通常采用炭-硅粉白渣或炭-硅粉混合白渣。也有采用弱电石渣（渣中 CaC_2 为 1% ~ 2%）还原的，由于这种渣难于与钢液分离，会造成钢中夹渣，因此在出钢前必须加以破坏，但又降低了炉渣的还原性，影响钢液的脱氧，因此较少采用。熔炼高硫、磷的易切削钢时，采用氧化镁-二氧化硅中性渣的还原精炼方法。

3.6.5.1 白渣精炼

白渣精炼分炭-硅粉白渣和炭-硅粉混合白渣两种。一般认为，冶炼对夹杂和发纹有严格要求的钢种时，采用炭-硅粉白渣；冶炼要求不高的钢种时，可采用炭-硅粉混合白渣。

A 炭-硅粉白渣精炼

扒完氧化渣后，对需要进行插铝的优质钢或低碳（小于 0.15%）钢种，向钢液插铝 0.5kg/t，通常按钢液增硅量 0.10% 加入硅铁。按锰的规格下限随稀薄渣料一起加入锰铁（最好为硅锰铁）。如钢液需要增碳，则在增碳后加入稀薄渣料。稀薄渣由石灰、萤石、火砖块（或硅石）组成。要求渣料有适当低的熔点，以便尽快形成渣层覆盖钢液。低碳钢渣料配比由石灰:萤石:火砖块（或硅石）= 5:1:1，中高碳钢为 4:1:1。有的钢种为避免增硅，采用石灰:萤石 = 4:1 的稀薄渣料。稀薄渣料用量一般为钢液重的

2% ~3%，低碳钢与小容量电炉渣量则偏上限。渣料宜均匀混合后加入炉内。稀薄渣料加入后，应使用中级电压和较大电流以加速渣料熔化，有 5~10min 的化渣时间，并使钢液升温。

稀薄渣形成后调整好渣子的流动性，流动性合适时往渣面上均匀撒入电石 2~4kg/t，炭粉 1~2kg/t。不用电石时炭粉用量 2~4kg/t。紧闭炉门使炉内形成良好的还原气氛，炭粉还原时间约 10min，要求炉渣变白，若渣况不良，应增补电石、炭粉或石灰等材料。一旦炉渣变白及还原气氛形成，就应降低电压与减少输入功率。随后用 2~3 批硅铁粉和少量炭粉（<1.5kg/t）继续脱氧，硅铁粉用量为 2~3kg/t（或在形成的稀薄渣面上用碳化硅粉 2~4kg/t 代替硅铁粉及炭粉还原）。每批间隔时间 5~7min，每批硅铁粉应混合加入适量石灰（石灰：硅铁粉 =3:1），以保持一定碱度。

要求很高或难脱氧的钢种，在第二批硅铁粉加入后，也可继续加入铝粉或硅钙粉脱氧。在还原过程中，应勤搅拌、常测温，促使温度和成分均匀，调整好配电参数。流动性良好的白渣一般应保持 20~30min。观察炉内渣面呈均匀的小泡沫，用钢棒粘渣，渣层均匀，厚约 3~5mm 冷却后表面呈白色鱼子状，断面白色带有灰色点或细线，且疏松多孔，冷却后不久会自动粉化成白色粉末（因渣中 $2CaO \cdot SiO_2$ 在 675℃时发生 $\beta \rightarrow \gamma$ 的晶型转变，发生体积膨胀，使渣粉化）。如不粉化，表明渣中 SiO_2、MnO 较高，碱度较低，应予调整。还原期一般取 2~3 次样进行分析，取样前充分搅拌钢液，以保证分析的正确性。在加入第二批硅粉脱氧后，初调钢液成分。加入第三批硅铁粉后，将钢液成分调整至规格要求，并取双试样以避免分析误差。

在上述操作过程中，硫降低较快。若钢液中含硫较高，可以增大渣量，必要时也可扒除部分还原渣，再加些渣料。

出钢前 5min 内，禁止向渣面上撒炭粉，以免出钢时钢液增碳。终脱氧在出钢前 2~3min 内进行，一般多采用炉内插铝，插铝量为 0.3~0.8kg/t，钢中碳含量低时插铝量偏上限。而采用向钢包喂铝线的终脱氧技术，不仅能大量节约用铝量，也使钢中残存 Al_2O_3 夹杂大为降低。另外，在终脱氧时，有些钢种亦可采用硅钙合金、钛铁或稀土混合物等作为终脱氧剂，或将这些脱氧剂制成包覆线，并直接喂入钢包中。终脱氧后，即可出钢。

以炭-硅粉白渣还原精炼时，钢液将从炉渣中吸收 0.02% ~0.04% 的碳。向渣面上撒入的硅铁粉（含硅 75%），将有 50% 左右的硅进入钢液，因此一般按钢液增硅量 0.10% ~0.15% 配加硅铁粉，对冶炼含铝、钛、硼成分的钢种，硅铁粉的加入量应更低一些(<2kg/t)。

一般电弧炉还原期的白渣成分为：

$w(CaO) = 45\% \sim 55\%$；$w(SiO_2) = 15\% \sim 25\%$；$w(Al_2O_3) = 2\% \sim 3\%$；$w(MgO) < 10\%$；$w(FeO) \leqslant 0.5\%$；$w(MnO) < 0.4\%$；$w(CaF_2) = 5\% \sim 8\%$；$w(CaC_2) \leqslant 1.0\%$；$w(CaS) \leqslant 1.0\%$。

　　B　炭-硅粉混合白渣精炼

炭-硅粉白渣精炼，虽然能更好的保证钢的质量，但精炼时间较长。因此对于一般的钢种，为了提高电炉生产率，对多数钢种普遍采用炭-硅粉混合白渣法进行还原精炼。

稀薄渣料形成后，即可加入炭-硅粉混合白渣料，炭粉 1.5~2.0kg/t，硅铁粉 2~

3kg/t，石灰适量（石灰：硅铁粉＝（2～4）：1），高碳钢的渣料取下限，低碳钢取上限。混合白渣料分2～3批加入。第一批脱氧剂加入后，保持7～10min的还原时间，要求渣子转白。以后每隔5～7min加入一批混合白渣料，为了保持白渣的还原性，视渣色可酌情补加少量炭粉或硅铁粉，以保证炉渣的还原性。其他操作与炭-硅粉白渣法精炼相同。

对普通碳素结构钢种，可以采用快白渣还原工艺。氧化渣扒除后，随稀薄渣料一起按钢种规格下限加入合金料。当稀薄渣形成以后，将混合好的炭粉1～2kg/t、硅铁粉1～2kg/t、石灰3～6kg/t集中一次并均匀撒向渣面，经10～15min的脱氧时间，搅拌测温取样，补调合金成分，在温度合格后即可插铝出钢。这种快速还原工艺，炉内脱氧去硫并不充分，在出钢后，利用同炉渣洗，可以再脱除一部分钢中的氧和硫。此工艺可缩短还原时间10min左右。

还有一种更快的造快白渣还原工艺。氧化渣扒除后，直接将脱氧剂、稀薄渣料和合金料一起加入钢液中，待稀薄渣料形成后，搅拌测温、取样，调整合金，当温度合格便插铝出钢。此工艺可将还原期缩短到15～20min。

上述两种造快白渣还原工艺，结合钢包内加合成渣，并采用吹氩搅拌；或进行钢包炉精炼（LF），直至真空处理，钢的质量可以达到相当高的水平。

3.6.5.2　电石渣精炼

电石渣是在稀薄渣的基础上，加入C粉和石灰，密封炉子，大功率供电，高温下发生如下反应：

$$3C + (CaO) \Longrightarrow (CaC_2) + \{CO\} \tag{3-34}$$

20min后，有大量黑烟冒出，电石渣形成后，用（CaC_2）和C粉还原渣中（FeO）、（MnO）、（Cr_2O_3）等，使渣中的$\sum(FeO)$被还原≤0.5%，$R = 3～4$。如果渣中CaC_2为2%～4%，炉渣成黑色，叫强电石渣；如果渣中CaC_2为1%～2%，炉渣成灰色，叫弱电石渣。

电石渣的特点：电石渣具有很强的脱硫能力，但由于碱度高，成渣慢（20～30min），耗电高，因此现在较少采用。

3.6.5.3　氧化镁-二氧化硅中性渣精炼

氧化镁-二氧化硅中性渣精炼适用于冶炼高硫高磷的易切削钢。这种渣表面张力大，即使渣层较薄，电弧也不致冲开渣层而与钢液直接接触，所以电弧十分稳定；而且电阻大，有利于钢液的加热和提温。一般认为，钢液在这种渣下精炼，由于渣的表面张力大，透气性差，非金属夹杂物和气体含量均较低。但因这种炉渣的脱硫能力小，且易损坏炉衬，所以除了冶炼易切削钢外，则很少采用。

扒除氧化渣后，向钢液直接插入铝块与加入硅铁锰铁合金进行沉淀预脱氧，然后用中性渣料代替稀薄渣料加入炉内。中性渣料的配比为：镁砂：火砖块＝2：1，或白云石：火砖块＝2：1。渣量为金属料量的1.5%～2.5%。再用1～2批硅铁粉对炉渣脱氧，硅铁粉按0.15%～0.2%的增硅量配加，加硅铁粉时可加少量炭粉于渣面上，以保持炉内还原气氛，待炉渣呈黄色时（为缩短还原时间），即可调整合金成分出钢。

对脱氧要求较严的钢种，在中性渣形成以后，先用一批硅铁粉脱氧，第二批改用硅钙粉或铝粉进行脱氧（用量为 1kg/t）。渣量宜小，一般为 1.5% ~ 2.5%，只要能覆盖钢液就可以了。同时，还原时间不宜过长，可允许黄渣出炉（炉渣颜色随渣中含氧量降低，渣色变化从黑→灰→黄→白）。另外，注意加强炉体维护，或是在炉衬后期才进行中性渣精炼。一般中性渣成分为：$w(CaO) = 20\% ~ 24\%$，$w(MgO) = 20\% ~ 30\%$，$w(SiO_2) = 30\% ~ 35\%$，$w(Al_2O_3) = 1\% ~ 5\%$，$w(MnO) = 0.5\% ~ 2.0\%$，$w(FeO) = 1\% ~ 4\%$。

3.7　钢液的合金化

炼钢过程中调整钢液合金成分的过程称为合金化。传统电炉炼钢的合金化可以在装料、氧化、还原过程中进行，也可在出钢时将合金加到钢包里；一般是在氧化末期、还原初期进行预合金化，在还原末期、出钢前或出钢过程进行合金成分微调。合金化操作主要指合金加入时间与加入的数量。

3.7.1　合金化的要求

（1）合金元素加入后能迅速熔化，分布均匀；

（2）收得率高且稳定；

（3）生成的夹杂物少，并能快速上浮；

（4）不能使钢液温度波动太大（温降）。

3.7.2　合金元素的加入原则

（1）根据合金元素与氧的结合能力大小，决定在炉内的加入时间。对不易氧化的合金元素（如 Co、Ni、Cu、Mo、W 等）多数随炉料装入，少量在氧化期或还原期加入。氧化法加 W 元素时，一般随稀薄渣料加入。对较易氧化的元素，如 Mn、Cr（<2%）一般在还原初期加入。硅铁一般在出钢前 5min 加入。钒铁（$w[V] < 0.3\%$）在出钢前 8 ~ 15min 加入。对极易氧化的合金元素，如 Al、Ti、B、稀土在出钢前或在钢水罐中加入。一般，合金元素加入量大的应早加，加入量少的宜晚加。

（2）难熔的合金宜早加，如高熔点的钨铁、钼铁可在装料期或氧化期加入。

（3）采用返回吹氧法或不氧化法冶炼高合金钢时，可以提前与炉料一起装入合金料，并在操作中采取相应措施提高其回收率。

（4）钢中元素含量严格按厂标压缩规格控制，以利于消除钢的力学性能波动。在许可的条件下，优先使用高碳铁合金，合金成分按中下限偏低控制，以降低钢的生产成本。为了准确地控制钢液成分，必须知道加入合金元素的收得率。炉渣的含氧量越高、黏度越大、渣量越大，均使合金收得率降低。此外，合金的熔点、密度、块度及合金加入时的钢液温度对收得率也有一定影响。

合金加入时间与元素收得率关系可参考表 3-6。

表 3-6 合金加入时间及回收率

合金名称	冶炼方法	加 入 时 间	收得率/%
镍		装料加入 氧化期加入，还原期调整	>95 95~98
钼铁		装料或熔化末期加入，还原期调整	>95
钨铁	氧化法 返回吹氧法	氧化末或还原初 装料	90~95 低 W 钢 85~90 高 W 钢 92~98
锰铁		还原初 出钢前	95~97 约 98
铬铁	氧化法 返回吹氧法	还原初 装料加入，还原期调整（不锈钢等）	95~98 80~90
硅铁		出钢前 5~10min	>95
钒铁		出钢前 8~10min($w[V]<0.3\%$) 出钢前 20~30min($w[V]>1\%$)	约 95 95~98
铌铁		还原期加入	90~95
钛铁		出钢前	40~60
硼铁		出钢时	30~50
铝	含铝钢	出钢前 8~15min 扒渣加入	75~85
磷铁	造中性渣	还原期	50
硫黄	造中性渣	扒氧化渣插铝后或出钢时加入包中	50~80
稀土合金		出钢前插铝后	30~40

3.7.3 合金加入量计算

3.7.3.1 钢液量的校核

当计量不准或钢铁料质量波动时，会使实际钢液量（P）与计划钢液量（P_0）出入较大，因此应首先校核钢液量，以作为正确计算合金料加入量的基础。由于钢中镍和钼的收得率比较稳定，故用镍和钼为校核元素最为准确。对于不含镍和钼的钢液，也可以用锰元素来校核，但用锰校核的准确性较差。可根据式（3-35）校核钢水量。

$$P = P_0 \frac{\Delta M_0}{\Delta M} \tag{3-35}$$

式中 P——钢液的实际质量，kg；

  P_0——原计划的钢液质量，kg；

  ΔM——取样分析校核的元素增量，%；

  ΔM_0——按 P_0 计算的元素增量，%。

[例 3-1] 原计划钢液质量为 30t，加钼前钼的含量为 0.12%，加钼后计算钼的含量为 0.26%，实际分析为 0.25%。求钢液的实际质量。

解：$P = 30000 \times \dfrac{0.26\% - 0.12\%}{0.25\% - 0.12\%} = 32307\text{kg}$

由本例可以看出，钢中钼的含量仅差 0.10%，钢液的实际质量就与原计划质量相差 2300kg。然而化学分析往往出现 0.01% ~0.03% 的偏差，这给准确校核钢液量带来困难。因此，式（3-35）只适用于理论上的计算，而实际生产中钢液量的校核一般采用式（3-36）计算：

$$P = \frac{GC}{\Delta M} \qquad (3-36)$$

式中　　P——钢液的实际质量，kg；

$\quad\quad\ G$——校核元素铁合金补加量，kg；

$\quad\quad\ C$——校核元素铁合金的成分，%。

[**例 3-2**]　往炉中加入钼铁 15kg，钢液中的钼含量由 0.20% 增到 0.25%，已知钼铁中钼的成分为 60%。求炉中钢液的实际质量。

解：$P = \dfrac{15 \times 60\%}{0.25\% - 0.20\%} = 18000\text{kg}$

3.7.3.2　单元素低合金（<4%）加入量的计算

当合金加入量少时，可不计铁合金料加入后使钢液增重产生的影响，可按式（3-37）计算：

$$合金加入量 = \frac{钢液量（规格控制成分 - 钢中残余成分）}{合金成分 \times 合金元素收得率} \qquad (3-37)$$

[**例 3-3**]　冶炼 45 钢，出钢量为 25800kg，钢中残锰量为 0.15%，控制含锰量为 0.65%，锰铁含锰量 68%，锰铁中锰收得率为 98%，求锰铁加入量。

解：锰铁加入量 $= \dfrac{25800 \times (0.65\% - 0.15\%)}{68\% \times 98\%} = 193.6\text{kg}$

验算：$w[\text{M}] = \dfrac{25800 \times 0.15\% + 193.6 \times 68\% \times 98\%}{25800 + 193.6} \times 100\% = 0.65\%$

3.7.3.3　单元素高合金（≥4%）加入量的计算

由于铁合金加入量大，加入后钢液明显增重，故应考虑钢液增重产生的影响。此计算式（减本身法）为：

$$合金加入量 = \frac{钢液量 \times （规格控制成分 - 钢中残余成分）}{（合金成分 - 规格控制成分） \times 合金元素收得率} \qquad (3-38)$$

在实际生产中，合金加入量在 2% 以上时，应按高合金加入量计算。本式也适用于低合金加入量的计算。

[**例 3-4**]　冶炼 1Cr13 不锈钢，钢液量为 10000kg，炉中含铬量为 10%，控制含铬量为 13%，铬铁含铬量为 65%，铬收得率为 96%，求铬铁加入量。

解：铬铁加入量 $= \dfrac{10000 \times (13\% - 10\%)}{(65\% - 13\%) \times 96\%} = 601\text{kg}$

验算：$w[\text{Gr}] = \dfrac{10000 \times 10\% + 601 \times 65\% \times 96\%}{10000 + 601} = 13\%$

3.7.3.4 多元素高合金加入量的计算

加入的合金元素为两种或两种以上，合金成分的总量已达到中、高合金的范围，加入一种合金元素对其他元素在钢中的含量都有影响，采用简单的分别计算是达不到要求的。现场常用补加系数法进行计算。

调整某一钢种化学成分时，铁合金补加系数是：单位质量的不含合金元素的钢水，在用该成分的铁合金化成该钢种要求成分时应加入的铁合金量。

补加系数法计算共分六步：

（1）求炉内钢液量：钢液量 = 装料量 × 收得率，其中收得率为 95% ~ 97%。

（2）求加入合金料初步用量和初步总用量。

（3）求合金料比分。把化学成分规格含量，换成相应合金料占有百分数：

$$合金料占有量 = \frac{规格控制成分}{合金料成分} \times 100\% \tag{3-39}$$

（4）求纯钢液比分——补加系数：

$$合金补加系数 = \frac{合金料占有量}{纯钢液占有量} \times 100\% \tag{3-40}$$

$$纯钢液占有量 = 100\% - 各项合金占有量之和 \tag{3-41}$$

（5）求补加量：用单元素低合金公式分别求出各种铁合金的补加量。

（6）求合金料用量及总用量。

[例 3-5] 冶炼 W18Cr4V 高速工具钢，装料量为 10t，其他数据见表 3-7。

表 3-7 冶炼 W18Cr4V 高速工具钢的相关数据　　　　　　　　　　（%）

成分	规格范围	控制成分	炉中成分	Fe-W 成分	Fe-Cr 成分	Fe-V 成分
$w[W]$	17.5 ~ 19.0	18.2	17.6	80	—	—
$w[Cr]$	3.8 ~ 4.4	4.2	3.3	—	70	—
$w[V]$	1.0 ~ 1.4	1.2	0.6	—	—	42

求各种合金料用量。

解：

（1）求炉内钢液量：

$$钢液量 = 10000 \times 97\% = 9700kg$$

（2）求合金料初步用量：

$$Fe\text{-}W = \frac{9700 \times (18.2\% - 17.6\%)}{80\%} = 73kg$$

$$Fe\text{-}Cr = \frac{9700 \times (4.2\% - 3.3\%)}{70\%} = 125kg$$

$$Fe\text{-}V = \frac{9700 \times (1.2\% - 0.6\%)}{42\%} = 139kg$$

合金料初步总用量 = 73 + 125 + 139 = 337kg

（3）求合金料比分：

$$Fe\text{-}W = \frac{18.2\%}{80\%} \times 100\% = 22.8\%$$

$$Fe\text{-}Cr = \frac{4.2\%}{70\%} \times 100\% = 6\%$$

$$Fe\text{-}V = \frac{1.2\%}{42\%} = 2.9\%$$

纯钢液占有量 = 100% − （22.8% + 6% + 2.9%）= 68.3%

（4）求补加系数。补加系数，即纯钢液的合金成分占有量。

$$Fe\text{-}W = \frac{22.8}{68.3} = 0.334$$

$$Fe\text{-}Cr = \frac{6}{68.3} = 0.088$$

$$Fe\text{-}V = \frac{2.9}{68.3} = 0.0432$$

（5）求补加合金料量：

$$Fe\text{-}W = 337 \times 0.334 = 112.5kg$$
$$Fe\text{-}Cr = 337 \times 0.088 = 29.5kg$$
$$Fe\text{-}V = 337 \times 0.043 = 14.5kg$$

合计   112.5 + 29.5 + 14.5 = 156.5kg

最终钢液量 = 9700 + 337 + 156.5 = 10193.5kg

（6）求各合金料加入总量：

$$Fe\text{-}W = 73 + 112.5 = 185.5kg$$
$$Fe\text{-}Cr = 125 + 29.5 = 154.5kg$$
$$Fe\text{-}V = 139 + 14.5 = 153.5kg$$

验算：

$$钢中钨含量 = \frac{原钢液量 \times 钢中残余\,W\,含量 + Fe\text{-}W\,加入总量 \times Fe\text{-}W\,成分}{最终钢液量}$$

$$= \frac{9700 \times 17.6\% + 185.5 \times 80\%}{10193.5} = 0.182 = 18.2\%$$

验算证明上述补加合金料的计算是正确的，同样可验算校核钢中铬、钒的含量。采用补加系数法计算多元高合金料加入量，生产中只要知道合金成分含量，补加系数可以事先计算好，其他几步计算会很快得出结果。

3.7.3.5 联合计算法

配制一种含碳的铁合金料，要求这种合金料的碳含量与合金元素含量同时满足该钢种规格要求的计算，称为联合计算法。联合计算既能满足钢种配碳量的要求，又能使用廉价的高碳合金料以降低钢的生产成本，在特钢生产中是一种合金料加入量的重要计算方法。

［例 3-6］ 钢液量为 15t，钢液中含铬量为 10%，含碳量为 0.20%。现有高碳铬铁含

铬量为65%，含碳量为7%，低碳铬铁含铬量为62%，含碳量为0.42%。要求控制钢液中含铬量为13%，含碳量为0.4%，求高碳铬铁和低碳铬铁用量。

解： 第一种解法：先从满足配碳量求出高碳铬铁的加入量。

（1）高碳铬铁加入量 $= \dfrac{15000 \times (0.4\% - 0.2\%)}{7\% - 0.4\%} = 454.5 \text{kg}$

（2）加入高碳铬铁后，钢液中含铬量为：

$$钢中含铬量 = \dfrac{15000 \times 10\% + 454.5 \times 65\%}{15000 + 454.5} = 11.62\%$$

在计算上应算到小数点后两位数才准确。

（3）求低碳铬铁加入量：

$$低碳铬铁加入量 = \dfrac{15454.5 \times (13\% - 11.62\%)}{62\% - 13\%} = 435.05 \text{kg}$$

$$最终钢液量 = 15000 + 454.5 + 435.05 = 15889.55 \text{kg}$$

第二种解法：

设加入高碳铬铁为 x kg，低碳铬铁为 y kg。

$$x \times 65\% + y \times 62\% = 15000 \times (13\% - 10\%) + (x + y) \times 13\%$$

$$x \times 7\% + y \times 0.4\% = 15000 \times (0.4\% - 0.2\%) + (x + y) \times 0.4\%$$

$$x = 454.5 \text{kg}, \quad y = 436.04 \text{kg}$$

3.8 出 钢 操 作

为确保钢的质量和安全操作，出钢前必须具备以下条件。

（1）钢的化学成分要在控制规格范围内，防止偏上、下限冒险出钢。

（2）钢液脱氧良好，取出钢液倒入圆杯试样冷凝时没有火花，凝固后试样表面有良好收缩。

（3）炉渣为流动性良好的白渣，碱度合适。

（4）钢液温度合适，确保浇注操作顺利进行。

（5）出钢口应畅通，出钢槽应平整清洁，炉盖要吹扫干净。

（6）出钢前应停止向电极送电，以防触电，并升高电极，特别是3号电极。

出钢时应有专人掌包，摆正钢包位置；应有专人摇炉，以控制摇炉速度平稳出钢，防止先钢后渣；应有专人指挥天车，做到边倾炉，边落包，以期钢渣在钢包中激烈混冲。在多数情况下，传统电炉的出钢操作是采用"大口、深冲和钢-渣混出"的出钢方法，出钢过程的渣钢接触、充分混合，以利于进一步脱氧、去硫及去除夹杂物。

出钢完毕，应观察钢液面的平静状况和液面高度，前者决定是否补加脱氧剂，后者可确定浇钢支数。钢流完毕，为了防止回磷，根据情况可加入适量的小块石灰或白云石稠渣，并加入约50mm以上厚度的炭化稻壳进行保温。

出钢完毕后，应对钢水包取样和测温，根据钢液温度高低，合理确定镇静时间，钢水在包中经过4~8min的镇静时间之后，即可浇注，在浇注中间，从包底水口下面接成品钢样，供作成品分析。

传统电炉老三期冶炼工艺操作集熔化、精炼和合金化于一炉，包括熔化期、氧化期和还原期，在炉内既要完成废钢的熔化，钢液的脱磷、脱碳、去气、去除夹杂物以及升温，又要进行钢液的脱氧、脱硫、合金化以及温度、成分的调整，因而冶炼周期很长。这样既难以保证对钢材越来越严格的质量要求，又限制了电炉生产率的提高。

 复习与思考题

3-1　碱性电弧炉一次冶炼工艺方法可分为哪几种？并比较其特点。

3-2　碱性电弧炉氧化法冶炼工艺操作由哪几个阶段组成？

3-3　电弧炉内炉料熔化过程大致可分为哪四个阶段？

3-4　电弧炉炼钢熔化期的任务是什么？提前造熔化渣有哪些好处？

3-5　电弧炉炼钢氧化期和还原期的任务分别是什么？

3-6　电弧炉炼钢脱碳的意义何在？

3-7　电弧炉炼钢装料和布料的原则要求分别是什么？

3-8　试比较电弧炉炼钢氧化期加矿氧化和吹氧氧化的优缺点。

4 现代炼钢电弧炉

现代电弧炉炼钢技术是在传统电弧炉炼钢技术的基础上发展起来的，尤其是 20 世纪 70 年代开始的超高功率电炉、直流电弧炉、高阻抗交流电弧炉等的发展，使得传统电炉炼钢的功能分化，实现了电炉炼钢高效节能，促进了钢铁工业的可持续发展。本章主要介绍现代电弧炉的种类及特点。

4.1 现代电弧炉的功能演变

现代电弧炉冶炼已从过去包括熔化、氧化、还原精炼、温度、成分控制和质量控制的炼钢设备，变成仅保留熔化、升温和必要精炼功能（脱磷、脱碳）的熔化钢的设备。而把那些只需要较低功率的工艺操作转移到钢包精炼炉内进行。钢包精炼炉完全可以为初炼钢液提供各种最佳精炼条件，可对钢液进行成分、温度、夹杂物、气体含量等严格控制，以满足用户对钢材质量越来越严格的要求。尽可能把脱磷，甚至部分脱碳提前到熔化期进行，而熔化后的氧化精炼和升温期只进行碳的控制和不适宜在加料期加入的较易氧化而加入量又较大的铁合金的熔化，对缩短冶炼周期，降低消耗，提高生产率特别有利。

现代电弧炉炼钢工艺及其流程优化的核心是缩短冶炼周期，提高生产率，而 UHP 电炉的发展也正是围绕着这一核心进行的。在完善电炉本体的同时，注重与炉外精炼等装置相配合，真正使电炉成为"高速熔器"，而取代了"老三期"一统到底的落后工艺，变成废钢预热（SPH）→超高功率电弧炉（UHP-EAF）→二次精炼（SR）→连铸（CC）。

与传统工艺比较，相当于把熔化期的一部分任务分出去，采用废钢预热，再把还原期的任务移到炉外，并采用熔氧合一的快速冶炼工艺，形成高效节能的"短流程"优化流程，见图 4-1。电弧炉作用的改变，日本人称之为"电弧炉的功能分化"。而超高功率电弧炉（交流/直流）的完善和发展促进了电炉流程的进步。

图 4-1 电炉的功能分析图

综上所述，现代电炉出钢到出钢时间的研究是从两个方面进行的，首先是强化电炉本身的冶炼能力，从能量平衡的角度来缩短电炉冶炼周期；第二是从冶炼工艺流程上考虑，将传统电炉工艺分别由电炉与炉外精炼两者完成。

4.2　现代电弧炉炼钢的基本工艺过程

现代电弧炉炼钢的基本工艺操作过程如下。

4.2.1　装料操作

（1）提升电极；

（2）提升旋转炉盖；

（3）事先已经吊在炉上的料框随炉盖的旋转同步吊运到炉口正上方，并在离炉口合适高度时打开料框进行加料；

（4）在随料筐移开炉盖的同时，旋回炉盖并下放炉盖盖在炉口上。

4.2.2　冶炼操作

（1）下放电极的同时送电起弧开始冶炼；

（2）按供电曲线，开始以较小电压，待 2~3min 形成穿井后改为高电压、大功率进行冶炼；

（3）吹氧助熔，熔池形成后，喷炭粉造泡沫渣；

（4）当炉料基本熔化后，进行第二次加料，重复上述加料和冶炼动作；

（5）待熔池形成后，根据钢种磷含量的要求及时进行倾炉放渣操作，确保脱磷效果；

（6）氧化后期，当炉内温度达到 1560℃ 左右时，炉料基本全部熔清以后，取样分析钢水中的化学成分；

（7）取样、测温和定氧使用专用的脱氧取样器沿炉门下角插入钢液面下约 300mm 左右，探头在钢中停留时间：测温 3~7s，取样 5~10s，定氧 6~10s；

（8）根据取样分析结果和钢水中的氧、碳含量，按工艺要求配置脱氧剂、合金及辅料，并将操作指令发送到高位料仓，使脱氧剂、合金、辅料按顺序加入炉内；

（9）当钢液成分和温度符合工艺要求，脱氧剂、合金、辅料及出钢车就绪后即可准备出钢。

4.2.3　出钢操作

（1）脱氧剂、合金、辅料及钢包在出钢前已经就绪可准备出钢。

（2）停电，提升电极到出钢位即可，炉子后倾 3°~5°；炉后出钢操作台操作，解除出钢口锁定装置后打开出钢口，并逐渐增大倾炉角度。

（3）待出钢量为总量的 1/5 时加入脱氧剂、合金、辅料；为保证在出钢量接近要求时快速回倾炉子到水平位置。同时开出钢包车，离开冶炼工位。

4.2.4　连续冶炼装料的准备操作

（1）炉子回倾到水平位置后，立即进行清理出钢口的冷钢残渣；关闭出钢口，用专用填料砂灌满出钢口并呈馒头凸起状。

（2）检查炉子有无异常现象并进行炉衬修补，准备下一炉冶炼。

现代电炉炼钢的典型工艺流程如图 4-2 所示。一座 150t 交流电弧炉的物料平衡流程图如图 4-3 所示。

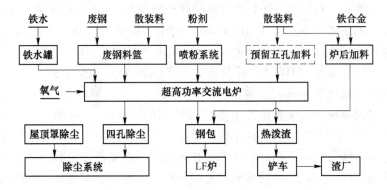

图 4-2 交流电弧炉的工艺流程图

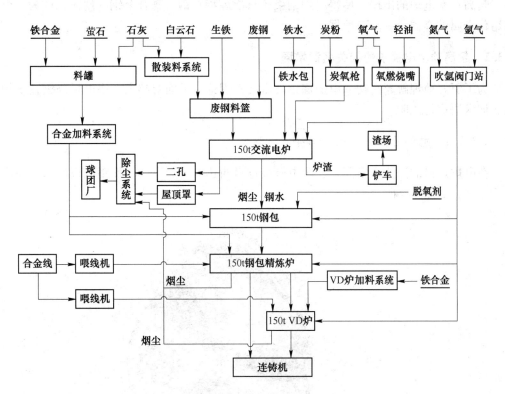

图 4-3 150t 交流电弧炉的物料平衡流程图

4.3 超高功率电弧炉

4.3.1 超高功率概念的提出

20 世纪 60 年代后期，随着氧气顶吹转炉的出现及迅速发展，使得废钢-平炉钢产量锐减，这就提出了多余废钢如何利用的问题。当时恰逢科技发展对钢的数量和质量要求日益提高，电力工业高速发展，尤其在北美洲，以及当时的电炉装备水平低、功率低、生产率更低、消耗高，阻碍了电炉的发展。这些为电炉炼钢的发展提供了契机。

超高功率电炉这一概念是 1964 年由美国联合碳化物公司的施维博（W. E. Schwabe）与西北钢线材公司的罗宾逊（C. G. Robinson）两个人提出的，目的是利用废钢原料，提高生产率，发展电炉炼钢。超高功率原文 Ultra High Power，简称 "UHP"（相对普通功率简称 "RP"，高功率简称 "HP"），并且首先在美国的 135t 电炉上进行了提高变压器功率、增加二次导体截面等一系列改造。

由于其经济效益显著，使得西方主要产钢国，如联邦德国、英国、意大利及瑞典等纷纷上超高功率电炉，整个 20 世纪 70 年代世界范围大力发展超高功率电炉，几乎不再建普通功率电炉。在实践过程中，超高功率电炉技术得到不断完善和发展，逐步解决了超高功率带来的一系列问题。尤其超高功率电炉与炉外精炼、连铸相配合显示出高功率、高效率的优越性，给电炉炼钢带来了生机与活力。

超高功率电炉的出现，使得电炉结束了只冶炼特殊钢、高合金钢的使命，成为一个高速熔化金属的容器——高速熔器。

4.3.2 超高功率电弧炉的相关名词术语

为了更好地理解超高功率电炉炼钢技术及其理论，下面对超高功率电炉炼钢技术相关的名词术语进行说明。

4.3.2.1 电炉的热点（区）与冷点（区）

在电炉炉衬的渣线水平面上，距电极最近点叫热点或热点区。而距电极最远点叫冷点或冷点区，如图 4-4 所示。

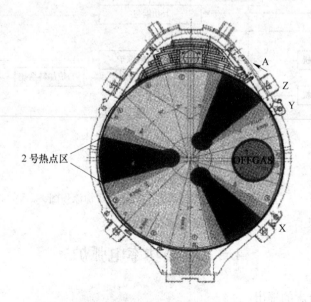

图 4-4 电炉炉衬的热点区示意图

电炉炉衬的侵蚀状况与主要原因见表 4-1。

表 4-1 电炉炉衬的侵蚀状况与主要原因

侵蚀严重性	-->		
侵蚀部位	渣线	热点	2 号热点
主要原因	钢、渣、电弧的作用与操作	与左同，且距电弧近	与左同，且为热区、功率大及偏弧严重

电炉炉体的更换，常常以 2 号热点区炉衬的损坏程度作为依据。

4.3.2.2 耐火材料磨损（侵蚀）指数

耐火材料磨损指数这一概念是在 20 世纪 60 年代后期由施维博提出的，70 年代后被大众接受，以此来描述由于电弧辐射引起耐火材料损坏的指标，并以耐火材料侵蚀指数 R_E（MW·V/m²）的大小来反映耐火材料损坏的外部条件，表达式如下：

$$R_E = \frac{P'_{arc} U_{arc}}{d^2} = \frac{I U_{arc}^2}{d^2} \qquad (4-1)$$

式中　P'_{arc}——单相电弧功率，MW；

　　　U_{arc}——电弧电压，V；

　　　d——电极侧部至炉壁衬的最短距离，m。

当电弧暴露后，耐火材料磨损指数应加以限制，一般认为它的安全值为 400 ~ 500MW·V/m²。超高功率电炉因电弧功率成倍增加，而使耐火材料磨损指数达到 800 ~ 1000MW·V/m² 甚至更高，此时必须采取措施。

分析上式，当电弧功率增加，耐火材料磨损指数变大；而电弧电压减少（电弧功率一定时）或电极侧部至炉壁衬的最短距离增加，均能使耐火材料磨损指数变小，如采用低电压供电、腰鼓形炉形、倾斜电极等。

4.3.2.3 粗短弧与细长弧

电弧功率、弧长表达式如下：

$$P_{arc} = 3 U_{arc} I \qquad (4-2)$$

$$L_{arc} = \frac{U_{arc} - \alpha}{\beta} \qquad (4-3)$$

弧长与电弧电压表达式说明，电弧电压越高，电弧就越长；另外，研究表明电弧直径与电弧电流成正比。那么，当功率一定时，低电压、大电流，电弧的状态粗而短；反之，电弧细而长。

4.3.2.4 三相电弧功率不平衡度

常用三相交流供电的电炉，常因导体长度不同、布置不合理及电磁感应的作用，使得三相阻抗不平衡而造成三相电弧功率的不平衡。为了表达这种不平衡程度用三相电弧功率不平衡度表示：

$$K_{P_{arc}} = \frac{P_{max} - P_{min}}{P_{mean}} \times 100\% \qquad (4-4)$$

式中　P_{max}，P_{min}，P_{mean}——分别为三相电弧功率中最大的、最小的与三相平均的电弧功率。

研究表明,三相电弧功率不平衡度与电流、电压的比值成正比。当功率一定时,低电压、大电流,将使三相电弧功率不平衡度增大,反之减小。

4.3.2.5 电抗百分数与功率因数

(1)电抗百分数。电抗百分数是衡量电弧稳定性的标志,将电炉装置回路电抗的相对值定义为电抗百分数,由阻抗三角形(图5-30(a))可以看出关系如下:

$$x\% = \frac{x}{Z} = \frac{xI}{U} = \sin\varphi \tag{4-5}$$

(2)功率因数。将有功功率与视在功率之比定义为功率因数,即图5-30中功率三角形的余弦:

$$\cos\varphi = \frac{P}{S} = \sqrt{1 - (\sin\varphi)^2} = \sqrt{1 - (x\%)^2} \tag{4-6}$$

当 $x\% < 40\%$,$\cos\varphi > 0.917$ 时,电弧燃烧一定不稳定;当 $x\% > 50\%$,$\cos\varphi < 0.866$ 时,电弧燃烧可能稳定;而当 $x\% = 40\% \sim 50\%$,$\cos\varphi = 0.866 \sim 0.917$ 时,电弧燃烧的稳定性与炉子气氛、起弧表面材质及状态、炉渣埋弧及电极调节器的品质等有关。另外,当 x 一定时,低电压、大电流,使 $x\%$ 增加,$\cos\varphi$ 降低;反之,$\cos\varphi$ 提高。

4.3.3 早期的超高功率供电技术

超高功率电炉相关技术的研究,首先是围绕电炉输入功率成倍地提高后所带来的一系列问题而展开的。

超高功率电炉投入初期,由于输入功率成倍提高,耐火材料磨损指数达到 $800 \sim 1000MW \cdot V/m^2$,炉衬热点区损坏严重,炉衬寿命大幅度降低。为此,首先在供电上采用低电压、大电流的粗短弧供电。

粗短弧供电的优点:减少电弧对炉衬的辐射,降低耐火材料磨损指数、保证炉衬寿命;增加熔池的搅拌与传热效率;稳定电弧,提高实际输入功率。当时把这种粗短弧供电叫做"超高功率供电""合理供电",如图4-5所示。

图4-5给出了同一电压下,电流与有功功率、功率因数的关系。因电弧长度与电压成正比,在相同的电压下,电弧长度近似与电流成反比,所以低电压、大电流,使电弧特别短,这样就减少电弧对炉衬的损坏,保证炉衬寿命。施维博推荐短弧操作范围是工作点在有功功率最大点(功率因数降低至0.707以下)及右侧附近。

但这种早期"超高功率供电",相当于牺牲电气方面的利益,换取热工方面的改善。它存在诸多不足。

(1)石墨电极消耗,尤其端部消耗与电流的平方成正比,超高功率、大电流,使电极消耗大为增加。

(2)电损失功率与电流的平方成正比,大电流,使电损失功率增加。

(3)低电压、大电流,使电抗百分数增加,导致功率因数大为降低,影响电力利用率。

(4)低电压、大电流,使三相电弧功率不平衡严重。

为了弥补早期供电的不足,先后进行了降低电极消耗、短网改造及提高炉衬寿命的研究等。

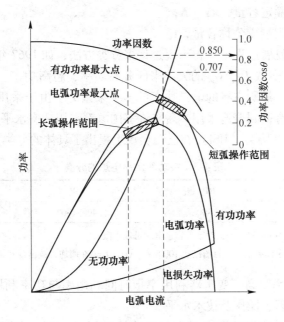

图 4-5 同一电压下电流与有功功率、功率因数的关系

4.3.4 超高功率电炉及其优点

超高功率，一般指电炉变压器的功率是同吨位普通电炉功率的 2～3 倍。由于功率成倍增加等，超高功率电炉主要优点为缩短熔化时间，提高生产率；提高电热效率，降低电耗；易于与炉外精炼、连铸相配合，实现高产、优质、低耗。

下面以当时的一座 70t 电炉改造为例，说明超高功率化后的效果，见表 4-2。

表 4-2 电炉超高功率化的效果

指 标	额定功率 /MV·A	熔化时间（冶炼周期） /min	熔化电耗（总电耗） /kW·h·t⁻¹	生产率 /t·h⁻¹
普通功率（RP）	20	129（156）	538（595）	27
超高功率（UHP）	50	40（70）	417（465）	62

目前，先进的超高功率电炉的冶炼周期小于 60min，电耗小于 400kW·h/t。

4.3.5 超高功率电炉的技术特征

衡量一座电炉是不是超高功率电炉，不仅要看功率的高低，而且还要看变压器利用率的高低，工艺流程是否优化（能否实现高效节能），以及公害抑制得如何等。

（1）功率水平要高。这是超高功率电炉的主要技术特征，它是每吨钢占有的变压器额定容量，并以此来区分高功率（HP）、超高功率（UHP），功率水平表示为：

$$C_1 = \frac{P_n}{G} \tag{4-7}$$

式中 C_1——功率水平，kV·A/t；

P_n——变压器额定容量，$kV \cdot A$；

G——平均出钢量或公称容量，t。

在超高功率电炉发展过程中，曾出现过许多分类方法，如1967年施维博的分类方法，提出以 P_{arc}/V_m、P_{arc}/S_m 或 P_{arc}/G_m 的大小来区分高功率、超高功率，即用单位钢液体积、熔池表面积或钢液的质量所占有的电弧功率的多少来区分。由于采用电弧功率很不直观，判断也不方便，故没有得到普遍采用。后来许多国家都采用功率水平表示方法。

1981年，国际钢铁协会（IISI）在巴西会议上提出了具体的分类方法，见表4-3。

表 4-3　按功率水平电炉的分类

类　　别	RP	HP	UHP
$C_1/kV \cdot A \cdot t^{-1}$	<400	400~700	>700

注：1. 表中数据主要指≥50t 的炉子，对于大容量电炉可取下限；

　　2. UHP 电炉功率水平没有上限，目前已达 1000kV · A/t，且还在增加，故出现超超高功率（SUHP）一说。

（2）变压器利用率要高。变压器利用率指时间利用率与功率利用率。它反映出电炉车间的生产组织、管理、操作及技术水平。

时间利用率：指一炉钢总通电时间与总冶炼时间（出钢—出钢时间，即冶炼周期）之比，用 T_u 表示。

$$T_u = \frac{t_2 + t_3}{t_1 + t_2 + t_3 + t_4} = \frac{t'}{t} \tag{4-8}$$

功率利用率：指全部通电时间中的平均功率或能量与熔化期中的最大功率或能量的比值，用 C_2 表示。

$$C_2 = \frac{\overline{P_2} t_2 + \overline{P_3} t_3}{P_{max}(t_2 + t_3)} \tag{4-9}$$

而冶炼周期，即总冶炼时间为：

$$t = (t_2 + t_3) + (t_1 + t_4) = t' + t'' = \frac{60WG}{P_n C_2 \cos\varphi + P_化 + P_物} + t'' \tag{4-10}$$

式中　t_1，t_4——出钢间隔与过程热停工时间，即总非通电时间 t''；

　　　t_2，t_3——熔化与精炼通电时间，即总通电时间 t'；

　　　$\overline{P_2}$，$\overline{P_3}$——熔化与精炼期平均输入功率；

　　　P_{max}——全部通电时间中使用的最大功率，相当于电炉变压器的额定容量；

　　　P_n——电炉变压器的额定容量；

　　　W，G——电能单耗、出钢量；

　　　$\cos\varphi$——功率因数；

　　　$P_化$——由化学热换算成的电功率，kW；

　　　$P_物$——由物理热换算成的电功率，kW。

分析以上3式可知：提高变压器利用率，缩短冶炼周期、提高生产率的措施如下。

1）减少非通电时间，如缩短补炉、装料、出钢及过程热停工时间，均能提高时间利用率，缩短冶炼周期、提高生产率。

2）减少低功率的精炼期时间，如取消还原期、缩短氧化期，采取炉外精炼，缩短电炉冶炼周期，提高功率利用率，充分发挥变压器的能力。

3）提高功率水平，提高功率利用率及降低电耗，均能减少通电时间，缩短冶炼周期、提高生产率。

超高功率电炉发展初期要求 T_u 与 C_2 均大于 0.7，目前要求 T_u 为 0.70~0.75、C_2 为 0.75~0.80，把电炉真正作为高速熔器。

（3）较高的电效率和热效率。电弧炉的平均电效率应不小于 0.9，平均热效率应不小于 0.7。

（4）较低的电弧炉短网电阻和电抗，且短网电抗平衡。

4.3.6 超高功率电弧炉的公害及抑制

电炉炼钢产生的公害主要是烟尘、噪声及电网公害。

4.3.6.1 烟尘与噪声

我国即将出台的"钢铁工业大气污染物排放标准"，对烟尘排放浓度限值是现有电炉为 $35mg/m^3$，新建电炉为 $20mg/m^3$；对二噁英排放限值为：$0.2ng\text{-}TEQ/m^3$。电炉在炼钢过程中产生烟尘大于 $20000mg/m^3$，占出钢量的 1%~2%，即 10~20kg/t，超高功率电炉取上限（由于强化吹氧等）。因此，电炉必须配备排烟除尘装置，使排放粉尘含量达到标准要求。

目前，最普遍的办法是采用"炉顶第四孔排烟法 + 屋顶烟罩"，或"第四孔排烟法 + 电炉密闭罩 + 屋顶烟罩"，并综合考虑车间其他设备。

超高功率电炉产生噪声高达 110dB，噪声对环境的影响程度见表 4-4。

表 4-4 噪声对环境的影响

噪声/dB	>50	>70	>90	>150
影响程度	影响睡眠与休息	干扰谈话影响工作	影响听力，引起神经衰弱、头疼、血压升高	鼓膜出血，失去听力

为此，许多国家都制定标准，如德国标准要求，距噪声源 300m 处的噪声强度为 $N.I_{300} \leqslant 60dB$（白天），$N.I_{300} \leqslant 45dB$（夜晚），GB 12348—2008 规定为 40~70dB。采用电炉密闭罩罩外的噪声强度能达 80~90dB，可以满足标准的要求。

这也正是许多电炉钢厂为了解决烟尘与噪声污染，而采取"炉顶第四孔排烟法 + 电炉密闭罩 + 屋顶烟罩"的排烟除尘方案的原因。

4.3.6.2 电网公害

电炉炼钢产生的电网公害主要包括电压闪烁与高次谐波。

（1）电压闪烁（或电压波动）。电压闪烁实质上是一种快速的电压波动。它是由较大的交变电流冲击而引起的电网扰动。电压波动可使白炽灯光和电视机荧屏高度闪烁，电压闪烁由此得名。

超高功率电炉加剧了闪烁的发生。当闪烁超过一定值（限度）时，如 0.1~30Hz，特别是 1~10Hz 的闪烁，会使人感到烦躁，这属于一种公害，要加以抑制。

为了使闪烁保持在允许的水平，解决的办法有以下两种。

一是要有足够大的电网，即电炉变压器要与足够大的电压、短路容量的电网相连，有的国家，如联邦德国规定：

$$P_{网短} \geqslant 80P_n \sqrt[4]{N} = 80P_n \quad （当一座电炉时，即 N=1 时）$$

一般认为，若供电电网公共连接点（PCC）的短路容量是电炉变压器额定容量的 80 倍，就可视为足够大。

二是采取无功补偿装置进行抑制，如采用晶体管控制的电抗器（TCR）。这是治本的办法（国家标准 GB 12326—2000 规定，1~35kV 时，电压波动限值 2%），它使电炉对电网和自身影响的各种量值大部分就地消除了，因而受到广泛的应用。

（2）高次谐波（或谐波电流）。由于电弧电阻的非线性特性等原因，使得电弧电流波形产生严重畸变，除基波电流外，还包含各高次谐波。产生的高次谐波电流注入电网，将危害共网电气设备的正常运行，如使发电机过热，仪器、仪表、电器误操作等。

抑制的措施是：采取并联谐波滤波器，即采取 L、C 串联电路。

实际上，为了抑制电炉炼钢过程产生的电网公害，常采取闪烁、谐波综合抑制，即 SVC 装置——静止式动态无功补偿装置，如图 4-6 所示。

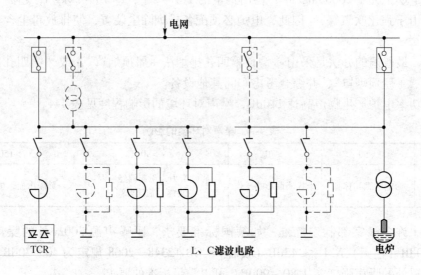

图 4-6　静止式动态无功补偿装置（SVC 装置）

4.3.7　超高功率电弧炉的工艺操作要点

4.3.7.1　UHP 电弧炉的工艺流程模式

在生产工艺上，根据冶炼品种或客户对质量的要求可采用不同的工艺，如图 4-7 所示。

（1）废钢预热→电弧炉熔炼→EBT 氧化性钢水无渣出钢工艺。其工艺流程为：废钢预热→装料→进料→通电熔化→去磷、脱碳、升温→净沸腾→无渣出钢→钢包内吹氩、合金化、脱硫剂脱硫→浇铸。此工艺因采用氧化性出钢，碳和硅等波动较大。碳的波动与终

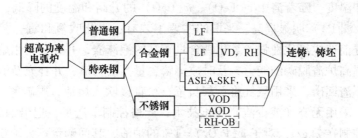

图 4-7 UHP 电弧炉的工艺流程模式

点碳到出钢的时间内钢水的稳定性有关，使用的电功率严重影响碳的稳定。硅的回收率与钢水含碳量有关。低碳时，硅的回收率低，中高碳时，硅的回收率高。

（2）废钢预热→电弧炉熔炼→EBT 半还原钢水无渣出钢工艺。其工艺流程为：废钢预热→装料→进料→通电熔化→去磷、脱碳、升温→净沸腾→拉渣→半还原、炉内合金化→无渣出钢→钢包内吹氩、合金微调、脱硫剂脱硫→浇铸。此工艺可用于低合金钢的生产。

（3）废钢预热→电弧炉熔炼→EBT 无渣出钢→钢包精炼短流程工艺。用 LF 作为炉外精炼设备时，其工艺流程为：废钢预热→装料→进料→通电熔化→去磷、脱碳、升温→取样→无渣出钢→钢包内吹氩、初调合金、脱硫剂脱硫→取样→LF 升温、微调合金→浇铸。通过 LF 精炼，钢水成分稳定，钢锭或铸坯的内在质量和表面质量均可得到进一步的改善。此工艺可用于质量高的钢类的生产。

如前所述，电炉钢较转炉钢成本高，电弧炉如果只生产转炉也能生产的产品，肯定竞争不过转炉。电弧炉炼钢的优势在于能够冶炼转炉难以冶炼的高质量合金钢，特别是高合金钢。因此，电炉只有采用现代冶炼工艺，提高钢的质量，增加电炉钢品种，多生产高附加值产品，才能提高自身的竞争力。

4.3.7.2 UHP 电弧炉的熔氧期操作

UHP 电炉采用熔、氧结合的方式，完成熔化、升温和必要精炼任务（脱磷、脱碳）。把那些只需要较低功率的工艺操作转移到钢包精炼炉内进行。钢包精炼炉完全可以为初炼钢液提供各种最佳精炼条件，可对钢液进行成分、温度、夹杂物、气体含量等的严格控制，以满足用户对钢材质量越来越严格的要求。

操作要点：在装料前炉底先垫上适量石灰和增碳剂，炉料按正确布料方式装入，炉料熔化至 1/3 ~ 1/2 时开始吹氧助熔，在熔化中、后期不断补充新渣料，使熔化期总渣量达到 3% ~ 5%，以便熔清时可脱去原料中 50% ~ 70% 的磷，使全熔分析的磷进入规格含量，在熔清后采用自动流渣和扒渣以放出大部分炉渣，重新造渣、吹氧升温降碳。

（1）升温操作。快速熔化和升温是超高功率电弧炉最重要的功能，将第 1 篮预热废钢加入炉后，此过程即开始进行。超高功率电弧炉以最大的功率供电，氧-燃烧嘴助熔，吹氧助熔和搅拌，底吹搅拌，泡沫渣以及其他强化冶炼和升温等技术，为二次精炼提供成分、温度都符合要求的初炼钢液。

（2）脱磷操作。脱磷操作的三要素，即磷在渣-钢间分配的关键因素有：炉渣的氧化性、炉渣碱度和温度。随着渣中 $w(FeO)$、$w(CaO)$ 的升高和温度的降低，磷在渣钢间的分配比（$w(P)/w[P]$）明显提高。采取的主要工艺有：强化吹氧和氧—燃助熔，提高初渣的氧化性；提前造成氧化性强、氧化钙含量较高的泡沫渣，并充分利用熔化期温度较低的有利条件，提高炉渣脱磷的能力，及时放掉磷含量高的初渣，并补充新渣，防止温度升高后和出钢时下渣回磷；采用氧气将石灰与萤石粉直接吹入熔池，脱磷率一般可达 80%，脱硫率 <50%；采用无渣（或少渣）出钢技术，严格控制下渣量，把出钢后磷降至最低。一般下渣量可控制在 2kg/t，对于 $w(P_2O_5) = 1\%$ 的炉渣，其回磷量不大于 0.001%。

出钢磷含量控制应根据产品规格、合金化等情况综合考虑，一般 [P] <0.02%。

（3）泡沫渣操作。采用熔、氧结合工艺后，熔池在全熔时，磷就可能进入规格含量，随后的任务就是升温和脱碳，在温度很低时，尽管采用吹氧操作，但由于碳氧反应的温度条件不好，因而反应不良，氧气利用也较差，钢液升温依然主要依靠电弧的加热。若能在这段时间里增大供电功率，并采用泡沫渣埋弧操作，既能保证钢液有效地吸收热量，又能避免强烈弧光的反射对炉衬造成的损坏。

（4）脱碳操作。配碳可以用高碳废钢和生铁，也可以用焦炭或煤等含碳材料。后者可以和废钢同时加入炉内，或以粉状喷入。配碳量和碳的加入形式，吹氧方式，供氧强度及炉子配备的功率（决定周期时间）关系很大，需根据实际情况确定。

电炉配料采用高配碳，其目的主要是：熔化期吹氧助熔时，碳先于铁氧化，从而减少了铁的烧损；渗碳作用使废钢熔点降低，加速熔化；碳氧反应造成熔池搅拌，促进了钢—渣反应，有利于早期脱磷；在精炼升温期，活跃的碳氧的反应，扩大了钢—渣界面，有利于进一步脱磷，有利于钢液成分和温度的均匀化和气体、夹杂物的上浮；活跃的碳氧反应有助于泡沫渣的形成，提高传热效率，加速升温过程。

（5）温度控制。良好的温度控制是顺利完成冶金过程的保证，如脱磷不但需要高氧化性和高碱度的炉渣，还需要有良好的温度相配合，这就是强调应在早期脱磷的原因。因为那时温度较低有利于脱磷；而在氧化精炼期，为造成活跃的碳氧沸腾，要求有较高的温度（>1550℃）；为使炉后处理和浇注正常进行，根据所采用的工艺不同要求电弧炉初炼钢水有一定的过热度，以补偿出钢过程、钢包精炼以及钢液的输送等过程中的温度损失。

出钢温度应根据不同钢种，充分考虑以上各因素后确定。出钢温度过低，钢水流动性差，浇注后造成短尺或包中凝钢；出钢温度过高，使钢清洁度变坏，铸坯（或锭）缺陷增加，消耗量增大。总之，出钢温度应在能顺利完成浇注的前提下尽量控制低些。

4.3.7.3 出钢与精炼操作

电炉出钢后，对质量要求高的钢类的生产应采用相应的精炼方法。精炼工艺制度与操作因各钢厂及钢种的不同而多种多样。

LF 法使用较多，其一般工艺流程为：电弧炉无渣出钢→同时预吹氩、加脱氧剂、增碳剂、造渣材料、合金料→钢包进准备位→测温→进加热位→测温、定氧、取样→加热、造渣→加合金调成分→取样、测温、定氧→进等待位→喂线、软吹氩→加保温剂→连铸。

LF 精炼过程的主要操作有：全程吹氩操作→造渣操作→供电加热操作→脱氧及成分调整（合金化）操作等，图 4-8 所示为 LF 常见的操作一例。

要达到好的精炼效果，应当从各个工艺环节下工夫，主要抓好以下几个环节。

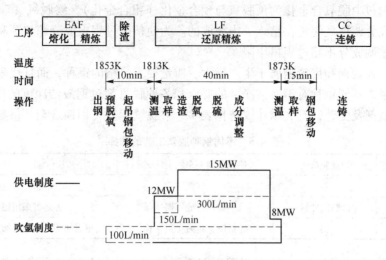

图 4-8　LF 操作的一例（钢种：SS400）

（1）钢包准备。

1）检查透气砖的透气性，清理钢包，保证钢包的安全。

2）钢包烘烤至 1200℃。

3）将钢包移至出钢工位，向钢包内加入合成渣料。

4）根据电弧炉最后一个钢样的结果，确定钢包内加入脱氧剂及合金剂，以便使钢水初步脱氧并进行初步合金化。

（2）出钢。

1）根据不同钢种、加入渣量和合金确定出钢温度。出钢温度应当在液相线温度基础上减去渣料、合金料的加入引起的温降。再根据炉容的大小适当增加一定的温度，以备运输过程的温降。

2）超高功率电炉与炉外精炼相配合，电炉出钢时的炉渣是氧化性炉渣，这种氧化性炉渣带入钢包精炼过程将会给精炼带来极为有利的影响。使钢液增磷，降低脱氧、脱硫能力，降低合金回收率以及影响吹氩效果与真空度等。为避免氧化渣进入钢包精炼过程，必须采用渣钢分离方法，即采用无渣出钢技术，而效果最好，目前应用最广泛的是 EBT 法，同时采用留钢留渣操作。控制下渣量高于 5kg/t。

3）需要深脱硫的钢种在出钢过程中可以向出钢钢流中加入合成渣料。

4）当钢水出至三分之一时，开始吹氩搅拌。一般 50t 以上的钢包的氩气流量可以控制在 200L/t 左右（钢水面裸露 1m 左右），使钢水、合成渣、合金充分混合。

5）当钢水出至四分之三时，将氩气流量降至 100L/min 左右（钢水面裸露 0.5m 左右），以防过度降温。

（3）合金化。

现代电炉合金化一般是在出钢过程中在钢包内完成，那些不易氧化、熔点又较高的合金，如 N、W、Mo 等铁合金可在废钢熔化后加入炉内，但采用留钢操作时应充分考虑前炉留钢对下一炉钢液所造成的成分影响。出钢时要根据所加合金量的多少来适当调整出钢温度，再加上良好的钢包烘烤和钢包中热补偿，可以做到既提高了合金收得率，又不造成低温。

出钢时钢包中脱氧合金化为预脱氧与预合金化（粗合金化），终脱氧（深度脱氧）与精确的合金成分调整最终是在精炼炉内完成的。为使精炼过程中成分调整顺利进行，要求预合金化时被调成分不超过规格中限。

轴承钢、弹簧钢和齿轮钢属于生产量大、质量要求严格的钢种，而且代表了不同的碳含量水平。根据不同钢种对钢液洁净度的要求和各种脱氧剂对钢液洁净度的影响，对这3种钢所用脱氧剂及工艺，有文献建议选择表4-5中脱氧工艺（用钡合金。供参考）。

表 4-5　不同钢种脱氧工艺的选择

钢种	预脱氧	终脱氧剂夹杂物变性剂	备　注
轴承钢	铝	硅钡	低碱度、低氧化铝渣
弹簧钢	硅铁或硅锰	硅钡、硅钙钡	大方坯可采用铝预脱氧
齿轮钢	铝	硅铝钡、硅钙（铝）钡	根据初炼炉出钢碳加足预脱氧铝

研究表明，含钡复合合金脱氧剂用于钢液脱氧（从常用的脱氧元素的热力学数据可知，钡的脱氧能力仅次于钙，而远大于铝），可获得较低的氧含量，其脱氧产物易于上浮且速度很快，钢中的夹杂物形态改善呈球形，而且均匀分布于钢中。从脱氧夹杂物来看，脱氧效果较好的脱氧剂为 SiAlBaCa 和 SiAlBaCaSr，其脱氧夹杂物基本呈球形，同时夹杂物的分布比较均匀、数量较少，并且夹杂物的尺寸相对较小。

4.4　直流电弧炉

由于交流电弧每秒过零点 100 次，在零点附近电弧熄灭，然后再在另一半波重新点燃，因而交流电弧燃烧及其输入炉内功率稳定性差。而直流电弧稳定，加之直流供电的其他优点，使得人们早在 19 世纪就开始直流电弧炉的研究、试验，但当时的整流技术阻碍了直流电弧炉技术的发展。20 世纪 70 年代大型高功率、超高功率电炉的出现与发展，使得炼钢电弧炉的功率成倍增加，强大交变电流的冲击加重了电网电压闪烁等电网公害，以至于需要采取价格昂贵的动态补偿装置。

20 世纪 60 年代以后，由于大功率的电源可控硅整流技术的发展，引起了人们研究以直流电弧作为冶炼热源的兴趣。德国的 MAN、GHH 和 BBC 公司于 1982 年 6 月联合开发和建造了世界上第一台用于工业生产的 12t 直流电弧炉，并在施罗曼-西马克公司的克劳茨塔尔·布什钢厂正式投产，用于铸钢生产。随后这两家公司又为美国的大林顿钢厂把30t 交流电弧炉改造成直流电弧炉，这是第一座用来炼钢的直流电弧炉，获得了良好的结果。同时，瑞典、法国、苏联、日本等国也积极开发，如 1985 年底，当时世界上最大的75t/48MV·A 直流电弧炉在法国埃斯科钢厂投产，1989 年日本钢管公司制造了当时世界上容量最大的 130t 直流电弧炉，在东京制铁公司九州工厂投产。

我国直流电弧炉的发展也很快。台湾东和钢公司于 1992 年引进了 CLECIM/DAVY 的1 台容量为 100t 的直流电弧炉。成都无缝钢管厂于 1993 年投产了一台 30t 的直流电弧炉，江浙地区也建有一批容量为 100 ~ 150t 的直流电弧炉。此外，国内还新建或改建了一批变压器容量小于 7000kV·A 的单顶电极和双顶电极直流电弧炉。迄今为止，全世界已经投产的 50t 以上的直流电弧炉 100 多台，在今后较长一段时间内将与交流炉共存。

4.4.1 直流电弧炉设备特点

直流电弧炉通常是高功率或超高功率直流电弧炉。在世界各地新投产的直流电弧炉的比功率（单位炉容量占有变压器功率）大多在 $700 \sim 1000$kW/t 范围内，最高达 1100kW/t。此外，变压器超载是直流电弧炉的优势之一。通常，变压器的工作容量比额定容量高 20%。

从设备方面看，直流电弧炉与超高功率交流电弧炉具有许多相同之处。例如废钢预热设备、氧-燃烧嘴、水冷氧枪、水冷炉壁及炉盖、加料设备、电极升降机构、底吹氩装置、除尘设备、偏心炉底出钢装置等两者是相同的。

直流电弧炉是将三相交流电经晶闸管整流变成单相直流电，在炉底电极（阳极）和石墨电极（阴极）之间的金属炉料上产生电弧进行冶炼。直流与交流电弧炉设备的主要区别为：增加晶闸管整流装置、炉顶石墨电极由三根变成一根及增设了炉底电极等，直流电弧炉布置及其基本回路图，分别见图4-9和图4-10。其中炉底电极的设置是直流电弧炉的最大特征。

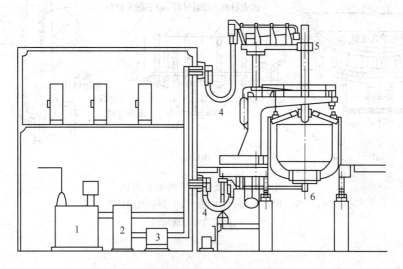

图 4-9　直流电弧炉设备布置图

1—整流变压器；2—整流器；3—直流电抗器；
4—水冷电缆；5—石墨电极；6—炉底电极

炉底电极是直流电弧炉技术的关键，目前世界上运行的几种有代表性的直流电弧炉的基本形式，其主要区别在于炉底电极的结构。按炉底电极结构特点可大致分为以下几种：GHH（集团）公司开发的触针式风冷底电极，法国的 CLECIM（集团）公司开发的钢棒式水冷底电极，瑞士的 ABB（集团）公司开发的导电炉底式风冷底电极，以及奥地利的 DVAI 公司开发的触片式风冷底电极，如图4-11和图4-12所示。

4.4.2 直流电弧炉炼钢工艺特点

大型的直流电弧炉一般均采用超高功率供电，所以超高功率交流电弧炉的炼钢工艺原则上适用于直流电弧炉。

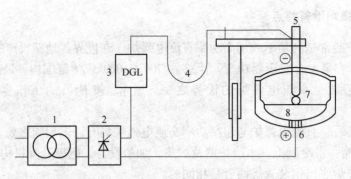

图 4-10　直流电弧炉基本回路图

1—整流变压器；2—整流器；3—直流电抗器；4—水冷电缆；
5—石墨电极；6—炉底电极；7—电弧；8—熔池

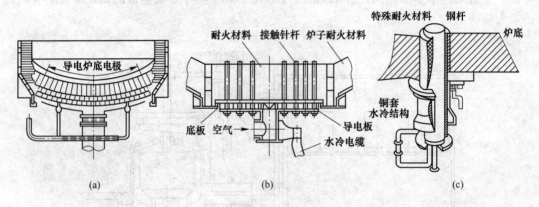

图 4-11　直流电弧炉的炉底电极

（a）导电炉底式风冷底电极；（b）触针式风冷底电极；
（c）钢棒式水冷底电极

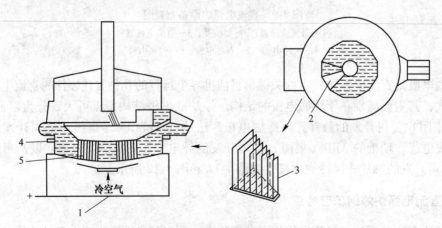

图 4-12　奥钢联的触片型炉底电炉结构示意图

1—DC 电缆；2—扇形阳极；3—触片；4—底壳绝缘；5—普通不导电整体耐火材料

4.4.2.1 原料及装料制度

直流电弧炉炼钢原料也是废钢，与超高功率交流电弧炉一样，直流电弧炉的任务主要是金属料的熔化，为此必须充分发挥电源的能力，实现快速熔化、缩短冶炼时间。对废钢及其装料制度有如下要求：采用一定的废钢加工技术，改善入炉条件；限制重废钢装入量，合理布料；确定合理的装料次数；原料中有害元素（如硫等）的含量应尽量低。

直流电弧炉多采用单根顶电极结构，因此输入电能集中于炉子的中心部位，加之输入功率较高，所以穿井很快，炉料呈轴对称熔化，极少塌料，废钢熔化特征如图4-13所示。

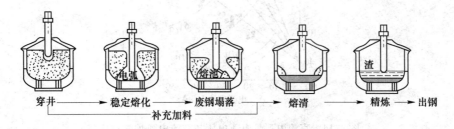

图4-13 直流电弧炉废钢熔化特征

现代直流电弧炉也可使用直接还原铁（DRI）作为原料，其要求和交流电弧炉相同。

4.4.2.2 造渣制度

现代直流电弧炉也采用偏心炉底出钢技术，留钢留渣操作。在考虑造渣制度时，必须考虑留渣的量和成分。

造泡沫渣是超高功率电弧炉和直流电弧炉炼钢的一项重要配套技术，它能够实现高压长弧操作，提高功率因数，减小炉衬热负荷，提高热效率，缩短冶炼时间，降低电能消耗，减少电极表面直接氧化、降低电极消耗，改善脱磷的动力学条件从而加速脱磷过程。

为保证泡沫渣覆盖住电弧，渣层厚度 Z 应满足：

$$Z \geqslant 2L \tag{4-11}$$

式中 L——弧长。

弧长是电弧电压的函数，电压高则弧长。相同输入功率下，直流电弧炉电弧电压比交流电弧炉的高（见图4-14）。因此，为使泡沫渣能埋住电弧，直流电弧炉泡沫渣厚度应比交流电弧炉的高。

4.4.2.3 供电制度

合理的供电制度对于提高生产率，降低电能消耗，降低炉衬耐火材料及石墨电极消耗，保证合适的冶炼温度以及提高钢水质量和降低合金元素烧损具有重要作用。直流电弧炉与交流超高功率电弧炉一样，一般均具有多组供电曲线和阻抗曲线，它们与不同的电压、电流、功率因数及阻抗对应。根据不同的钢种，原料配比及冶炼阶段，通过自动转换装置，选用不同的供电曲线和阻抗曲线。例如，在采用100%废钢操作时，料位较高，在熔化阶段可选用较高电压供电，实现长弧操作，达到快速熔化的目的；在采用直接还原铁

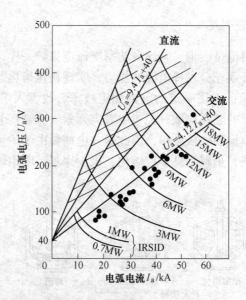

图 4-14　直流电弧炉电弧电压与交流电弧炉的对比

操作时，料位较低，就不能选择电弧较长的供电曲线，否则，炉衬寿命及热效率会降低。

熔炼过程的熔池温度控制与冶炼操作（包括海绵铁的加入、出钢等）密切相关。熔池温度可以通过数学模型来估算，并通过过程计算机控制供电制度。

4.4.3　直流电弧炉的优缺点

直流电弧炉的优点主要有以下几点。

（1）对电网冲击小，无须动态补偿装置，可在短路容量较小的电网中使用。交流电弧炉工作时电流波动大，对电网干扰大，产生大的闪烁，需增设功率动态补偿装置，增加相当于炼钢厂投资的 10%～20% 的设备费用。

采用直流电弧炉，虽然也会有闪烁，但闪烁值仅是三相交流电弧炉的 1/3～1/2，直流电弧炉熔化期积累闪烁电平为交流电弧炉的 1/10，与交流电弧炉电弧稳定燃烧时相近。直流电弧炉对减小闪烁的效果与交流电弧炉采用动态补偿装置的效果相近，所以无须动态补偿装置。当交流电弧炉必须采用动态补偿装置时，直流电弧炉的投资仅为交流电弧炉的 70%。此外，直流电弧炉所需电网短路容量仅为交流电弧炉的 1/10。

（2）石墨电极消耗低。直流电弧炉能够大大降低石墨电极的消耗。生产统计表明，交流电弧炉电极消耗中端部消耗占 43.0%、侧面氧化占 44.5%、断电极占 7.5%、电极残头占 5.0%；直流电弧炉的电极消耗中端部消耗及电极残头占 85%、侧面氧化占 10%、断电极占 5%。从绝对消耗量看，当交流电弧炉的 3 根石墨电极被直流电弧炉的一根石墨电极代替时，侧面消耗将减少近 2/3；直流操作时，作为阴极的石墨顶电极端部平均温度比交流的低，而且作用于端部的电动力小，可使由于氧化及开裂剥落造成的端部消耗降低。在相同条件（废钢、钢种、单位变压器功率、炉子容量等）下，直流电弧炉的电极消耗可比交流电弧炉的降低 50% 以上，一般为 1.1～2.0kg/t。当交流电弧炉的石墨电极消耗大时，直流电弧炉在降低石墨电极消耗方面的优点将更为突出。

（3）缩短冶炼时间，降低电耗。直流电弧炉用电极，由于无集肤效应，电极截面上的电流负载均匀，电极所承受的电流可比交流时增大20%～30%（见图4-15），直流电弧比交流电弧功率大。

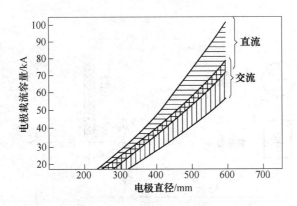

图4-15　直流与交流电弧炉用石墨电极载流容量的对比

直流电弧炉石墨电极接阴极，金属料接阳极，由于阳极效应直流电弧传给熔体的热量，在相同输入功率下，比交流电弧的大1/3。

在热损失方面，直流电弧炉只有1只石墨电极，减少了电极孔、水冷电极夹持器及水冷电极圈的热损失；加上采用高电压操作、无感抗损失、功率因数高，与交流电弧炉相比，电能利用率高。

上述原因使得直流电弧炉废钢熔化快、穿井快、金属熔池容易形成。与交流电弧炉相比，熔化时间可缩短10%～20%，电耗可降低5%左右。

（4）减少环境污染。直流电弧炉发射的噪声比交流电弧炉小。据文献报道，平均噪声可减小10dB。对噪声频谱分析表明，直流电弧炉没有交流电弧炉所特有的100Hz噪声，且1000Hz以下噪声能量要少得多。此外，直流电弧炉与交流电弧炉相比，烟尘污染也小得多。

（5）降低耐火材料消耗。直流电弧炉与交流电弧炉相比，无电弧偏吹，无热点，且电弧距炉壁远，以致炉壁，特别是渣线处热负荷小且分布均匀，从而降低了耐火材料的消耗。

直流电弧炉采用高电压长弧操作，对提高炉衬寿命不利，但配以合适的泡沫渣操作，可以有效地降低炉衬热负荷。底阳极寿命一般均很高，不致引起耐火材料消耗的增加。

（6）降低金属消耗。直流电弧炉由于只有1个电极、1个高温电弧区和1个与大气相通的电极孔，从而降低了合金元素的挥发与氧化损失，也使合金料及废钢的消耗降低。

（7）投资回收周期短。对于容量较小的炉子，直流电弧炉和交流电弧炉的投资费用相差不大，对于大容量的炉子，则直流电弧炉投资要比交流电弧炉高30%～50%。

直流电弧炉存在的问题有以下几点。

（1）需要底电极，炉底砌筑、维护工艺复杂。直流电弧炉将炉底作为阳极，增加耐火材料炉底的工作负荷，使得炉底砌筑、维护工艺复杂，增加劳动强度及维护成本。

（2）大型直流电弧炉起偏弧现象。大型超高功率电炉、大电流，其电弧受到强大的电磁力作用所引起偏弧严重，恶化电炉的操作，必须采取措施改善及消除。偏弧严重时造成废钢熔化不均、热损失增加及重新出现炉壁热点问题。直流电弧炉产生偏弧的原理如图4-16所示。

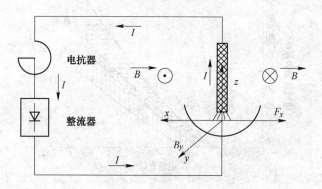

图4-16　直流电弧炉产生偏弧的原理

（3）大电流需要大直径电极，大直径石墨电极有待开发。受大直径石墨电极的限制，大型直流电弧炉的发展受到限制。目前，能够生产的最大超高功率石墨电极为公称直径800mm，已经应用在160t直流电弧炉上。

（4）长弧操作需要更多的泡沫渣。

（5）留钢操作限制了钢种的更换。

以上这些问题的存在，及原本属于直流电弧炉的优越性也因交流电弧炉技术改造而变得平庸，这些都阻碍了直流电弧炉的发展。

4.5　高阻抗交流电弧炉

4.5.1　高阻抗技术的发展

正常情况下，要求电炉回路中具有一定的电抗，以保证电弧稳定燃烧及限制短路电流。低电压大电流粗短弧供电功率因数过低，大电流引起了诸多不足，要求降低回路电抗以提高功率因数。交流电炉大面积水冷炉壁（盖）的采用及实现泡沫渣埋弧操作，使得高电压低电流长弧供电成为可能。长弧供电有许多优点，但高电压长弧供电使功率因数大幅度提高（短网技术的进步，如导电横臂技术的采用，使得电抗进一步降低，也加剧功率因数的提高），将使短路冲击电流大为增加，也将导致电弧不稳定，输入功率降低。为了改善此种状况，采取提高电炉回路的电抗，以便适合长弧供电。

4.5.2　高阻抗技术及其优点

高阻抗电炉，即通过提高电炉装置的电抗，使回路的电抗值提高到原来（同容量）的两倍左右。对于50t/30MV·A以上普通阻抗电弧炉，其电抗值为3.5~4.0mΩ。当其电抗值增加至7~8mΩ左右，成为高电抗或高阻抗电弧炉时更适合长弧供电。

增加电抗的办法是在电炉变压器的一侧串联一个电抗器（图4-17），有固定的或饱和电抗器（即所谓的变阻抗电抗器），且串联固定电抗器居多。而饱和电抗器与固定电抗器相比可进一步减少电炉对电网的干扰，但价格昂贵。

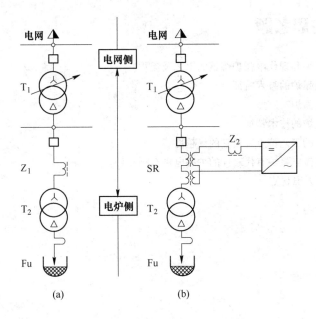

图 4-17　高阻抗电炉单线电路图

（a）串联固定电抗器的情况；（b）串联饱和电抗器的情况

T_1—电网变压器；Z_1—固定电抗器；SR—饱和电抗器；

T_2—电炉变压器；Fu—电炉；Z_2—平滑电抗器

高阻抗电炉发挥长弧的优势，故具有如下优点。

（1）因电流大为减小，电耗与电极消耗降低。

（2）因电抗高、功率因数降低，电弧稳定性高。

（3）因电流波动减小，电压闪烁降低约30%。

（4）因短路电流减小，降低了回路电动应力，提高了设备使用寿命。

4.5.3　高阻抗电炉操作要点

总原则为：高阻抗-高电压-埋弧。换言之，高阻抗电炉操作埋弧是关键，这包括废钢遮蔽埋弧与泡沫渣埋弧，只要能埋弧就采用高电压，电压高到一定程度、电弧不稳定，就带高阻抗（带电抗器）。

高阻抗供电有许多优越性，有条件要尽量长时间采用高阻抗供电。但采用高阻抗高电压供电电弧长度增加，在熔化后期，当炉衬暴露给电弧后，必须进行造泡沫渣埋弧操作，否则应降低电压，以防止炉衬损坏严重。主熔化期，一定要带抗操作，即主熔化期一定要采用高阻抗、高电压；熔末电弧暴露后，炉渣发泡性能良好、实现埋弧操作时，可采用高阻抗、高电压，否则应采用低电压、大电流。

为此，除充分利用废钢埋弧期采用高电压、高阻抗外，全程造泡沫渣实现埋弧操作就显得特别重要。

国内近十几年由国外引进或国内制造的电炉，除采用含铬炉料生产不锈钢的电炉，因造泡沫渣困难外，大部分电炉都采用高阻抗技术，而且也收到了明显的效果。

 复习与思考题

4-1　试比较传统电弧炉和现代电弧炉炼钢的工艺及流程。

4-2　试述超高功率电弧炉的技术特征。

4-3　何为超高功率电弧炉？

4-4　试述超高功率电炉的技术特征。

4-5　试述直流电弧炉的工艺特点以及它的优越性。

4-6　目前世界上的直流电弧炉有代表性的炉底电极有哪几种？

4-7　试述高阻抗技术及其优点。

5 电弧炉炼钢设备

本章主要介绍交流电弧炉炼钢设备和电弧炉的排烟与除尘，交流电弧炉炼钢设备包括炉体、机械设备和电气设备三部分，电炉设备布置见图5-1。

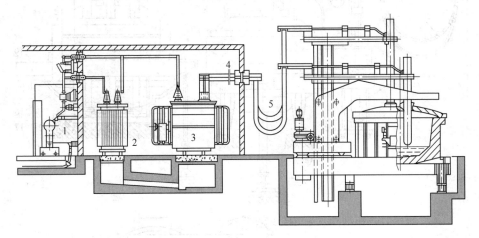

图5-1　电炉设备布置图

1—高压控制柜（包括高压断路器、初级电流互感器与隔离开关）；2—电抗器；
3—电炉变压器；4—次级电流互感器；5—短网

电弧炉的设备构造主要由炼钢工艺决定，同时与电炉的容量大小、装料方式、传动方式等有关，电弧炉的基本结构见图5-2。

电弧炉的炉体由金属构件和炉衬两部分组成。金属构件包括炉壳、炉门、出钢机构、炉盖圈和电极密封圈等由金属材料制成的部分。电弧炉炉衬指电弧炉熔炼室的内衬，由耐火材料砌筑成的承受高温钢液和熔渣的部分。

电弧炉的主要机械设备包括炉体倾动装置、电极升降装置、装料系统等。电弧炉为了出钢和出渣，炉体应能倾动，倾动机构就是用来完成炉子倾动的装置。电弧炉在熔炼过程中升降电极由电极升降装置来完成，电极升降机构由电极夹持器、立柱、横臂及传动机构等组成；电极升降装置的结构有活动立柱式和固定立柱式两种，较大型的电炉一般采用活动立柱结构。传动方式有钢丝绳传动、齿轮和齿条传动、液压传动三种，大型电炉多采用液压传动。电弧炉的装料方式有炉门装料和炉顶装料两种，炉门手工装料只适用于小电炉，绝大多数电炉都采用炉顶装料；按装料时炉体和炉盖位置变动情况，可分为炉体开出式、炉盖旋转式和炉盖开出式三种类型。

电弧炉的电气设备包括主电路电气设备和辅电路电气设备。主电路是由高压电缆直接供给电炉变压器，然后送到电极的这段电路。主电路电气设备主要由隔离开关、高压断路器、电抗器、电炉变压器、低压短网及电极等组成。辅电路是由高压电缆供给工厂变电所，再送到电弧炉的低压设备上的这段电路。辅电路电气设备包括高低压控制系统及其相应的台柜、电极自动调节器等，辅电路电气设备也叫电弧炉电控设备。

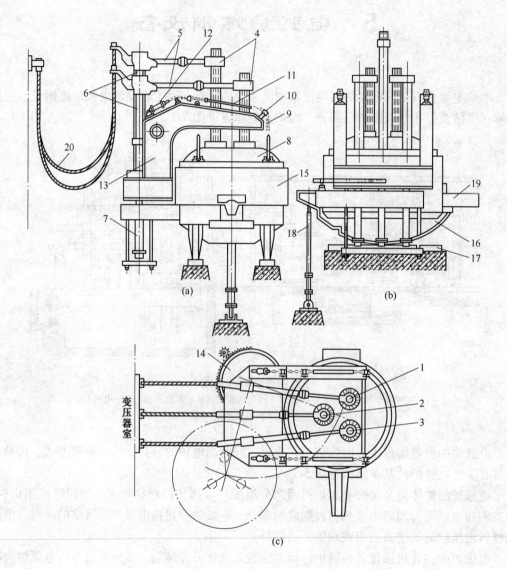

图 5-2　HCX-15 型炼钢电炉结构简图

（a）正视图；（b）侧视图；（c）俯视图

1—1 号电极；2—2 号电极；3—3 号电极；4—电极夹持器；5—电极横臂；6—升降电极立柱；7—升降电极液压缸；
8—炉盖；9—提升炉盖链条；10—滑轮；11—拉杆；12—提升炉盖液压缸；13—提升炉盖支承臂；
14—转动炉盖机构；15—炉体；16—摇架；17—支承轨道；18—倾炉液压缸；19—出钢槽；20—电缆

5.1　电弧炉的炉体构造

电弧炉的炉体由金属构件和耐火材料砌筑成的炉衬两部分组成，而炉体的金属构件又包括炉壳、炉门、出钢机构、炉盖圈和电极密封圈等。电弧炉炉体的基本构造示意图见图5-3。

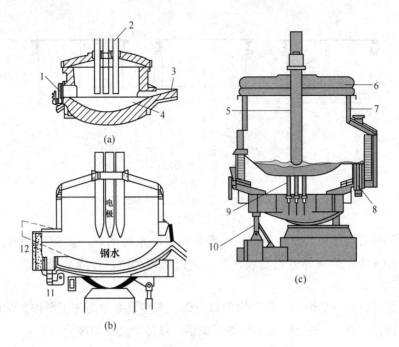

图 5-3 电弧炉炉体的基本构造示意图

（a）普通电弧炉；（b）偏心炉底出钢电弧炉；（c）直流偏心炉底出钢电弧炉

1—炉门；2—电极；3—出钢槽；4—熔池；5—直流电弧炉上部电极阴极；6—水冷炉盖；

7—水冷炉壁；8—EBT 偏心炉底出钢；9—直流电弧炉电极阳极；10—倾动装置；

11—出钢口；12—过去的出钢口

5.1.1 金属构件

5.1.1.1 炉壳

炉壳即炉体的外壳，由圆筒形炉身、炉壳底和上部的加固圈三个部分组成。要求炉壳具有足够的强度和刚度，以承受炉衬、钢、渣的重量和自重，以及高温和炉衬膨胀。通常炉壳厚度为炉壳外径的 1/200 左右，一般用厚为 12~30mm 的钢板焊接而成，内衬耐火材料。炉壳受高温作用易发生变形，特别是炉役后期，为此一般在炉壳上设有加固圈或加强筋。炉壳上沿的加固圈用钢板或型钢焊成并通水冷却。在加固圈的上部封槽留有一个砂封槽，便于炉盖圈插入沙槽内密封。

炉壳底部形状有平底形、截锥形和球形三种，如图 5-4 所示。平底炉壳制造简单，但坚固性最差，炉衬体积最大，故多用于大型电炉上。截锥形底壳比球形底壳容易制造，但坚固性较球形底差，所需的炉衬材料稍多，常被采用。球形底坚固性最高，死角小，炉衬体积小，但直径大的球形底成型比较困难，故球形底多用于中、小型炉子。

5.1.1.2 炉门

炉门由金属门框、炉门和炉门升降机构三部分组成。炉门框起保护炉门附近炉衬和加强炉壳的作用，一般用钢板焊成或采用铸钢件，内部通水冷却，为使炉门与门框贴

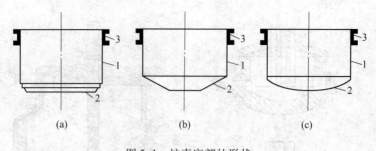

图 5-4　炉壳底部的形状

（a）平底形；（b）截锥形；（c）球形

1—圆筒形炉身；2—炉壳底；3—加固圈

紧，门框水箱壁做成 5°~10° 的斜面。通常采用空心水冷的炉门。炉门的升降机构可通过电动、气动或液压传动等方式实现，要求炉门结构严密，升降平稳灵活，升降机构牢固可靠。

中小型炉子只有一个炉门，位于出钢口对面。大型电弧炉为便于操作，常增设一个侧门，两炉门位置成 90°。炉门的大小应便于观察、修补炉底和炉坡为宜。

5.1.1.3　出钢槽

电炉出钢方式，分为槽式出钢、中心底出钢（CBT）、偏心底出钢（EBT）等。目前电炉以偏心底出钢方式为主。

（1）出钢槽。传统的槽式出钢电炉如图 5-5 所示，出钢口为一圆形（直径约 150~250mm）或矩形孔，正对炉门，位于熔池渣液面上方。熔炼过程中用镁砂或碎石灰块堵塞，出钢时用钢钎打开。流钢槽用钢板焊成（梯形），内砌高铝砖或用沥青浸煮过黏土砖；而采用预制整块的流钢槽砖（用高铝质、铝镁质、高温水泥质捣打成型）时，方便、耐用、效果好。为避免冶炼过程中钢液溢出，流钢槽向上倾斜与水平面成 8°~15°。流钢槽在可能的情况下，应尽量短些，以减少出钢过程中钢液的二次氧化和吸气。

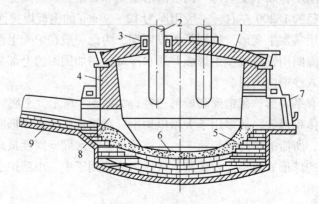

图 5-5　电弧炉炉体结构图

1—炉盖；2—电极；3—水冷圈；4—炉墙；5—炉坡；

6—炉底；7—炉门；8—出钢口；9—出钢槽

（2）偏心炉底出钢箱。偏心炉底出钢法（Eccentric Bottom Tapping），是目前应用最广泛的电炉出钢方法。首台 EBT 电炉是 1983 年德国 Demag 公司为丹麦 DDS 钢厂制造的 110t/70MV·A 电炉。1987 年 8 月，我国第一台偏心炉底出钢电弧炉在前上钢五厂建成投产，如图 5-6 所示。

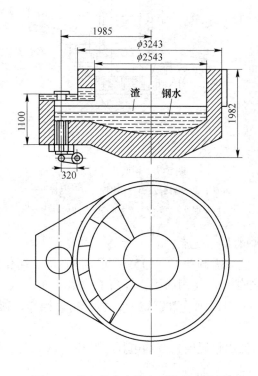

图 5-6　偏心炉底出钢电弧炉炉型简图

　　偏心炉底出钢电弧炉是将传统电炉的出钢槽改成出钢箱，出钢口在出钢箱底部垂直向下。出钢口下部设有出钢口开闭机构（见图 5-7），开闭出钢口，出钢箱顶部中央设有塞盖，以便出钢口填料与维护。出钢口由外部套砖和内部管砖组成，均采用镁碳管砖，内径一般为 140～280mm，视炉容和出钢时间而定。管砖和套砖之间使用镁砂打料填充，管砖在使用过程中主要以磨损方式损毁。为防龟裂，要求内部管砖应具有极好的抗氧化性和较高的耐压强度，同时其碳含量应大于 20%。外部套砖因受钢包内的热辐射而易发生低温氧化，可添加抗氧化剂。为防止金属附着，可将石墨的配入量提高到 25% 或采用 Al_2O_3-SiC-C 砖。

　　出钢时，向出钢侧倾动少许（约 3°）后，开启出钢机构，填料在钢液静压力作用下自动下落，钢液流入钢包，实现自动开浇出钢。否则需要施以外力或烧氧出钢，一般要求自动开浇率在 90% 以上。当钢液量出至要求的约 95% 时，迅速回倾以防止下渣，回倾过程还有约 5% 的钢液和少许炉渣流入钢包中。电炉摇正后（炉中留钢量一般控制在 10%～5%，留渣量不小于 95%），检查维护出钢口后关闭出钢口，加填料（即引流砂，为 MgO 基的颗粒状耐火材料，一般用含 Fe_2O_3 大约 10% 的 MgO 与 SiO_2 混合填料），装废钢，起弧。

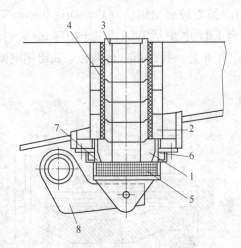

图 5-7　炉底出钢机构

1—底砖；2—出钢砖；3—出钢管；4—混合可塑料；

5—石墨板；6—水冷；7—底环；8—翻板式盖板

一般来说，EBT 电炉有以下优点：

1）出钢倾动角度小。只需倾动 12°~15° 便可出净钢液，简化了电炉倾动结构；降低了短网的阻抗；增加水冷炉壁的使用面积，提高了炉体寿命。

2）留钢留渣操作。无渣出钢，改善钢质，利于精炼操作，留钢留渣，利电炉冶炼、节能。

3）炉底部出钢。降低出钢温度，节约电耗；减少二次氧化，提高钢的质量；提高钢包的寿命。

由于 EBT 电炉具有这些优点，所以在世界范围迅速得到普及。现在新建电炉尤其与精炼配合的电炉，一定要求无渣出钢，而 EBT 是首选。

5.1.1.4　炉盖圈

炉盖圈用钢板或型钢焊成，为防止变形，一般采用水冷。炉盖圈的外径应与炉壳外径相仿或稍大些，使炉盖支承在炉壳上。

水冷炉盖圈的截面形状通常分为垂直形和倾斜形两种，如图 5-8 所示。倾斜形内壁倾斜角约为 22°~23°，这样可以不用拱脚砖。炉盖圈和炉壳之间必须有良好的密封，因此炉盖圈下部设有刀口，使炉盖圈能很好地插入到加固圈的砂封槽内。

5.1.1.5　电极密封圈

砖砌炉盖的电极密封圈（又称电极冷器），有环形水箱式和蛇形水管式两种，如图 5-9 所示。环形水箱密封圈冷却和密封效果均较好，环形水箱是用钢板焊成的。密封圈在圆周上留有 20~40mm 宽的间隙，以免在密封圈体内形成闭合磁路而产生涡流。大容量或超高功率电炉应优先考虑用非磁性耐热钢板焊制。金属水冷炉盖的电极密封圈（实为绝缘圈），为避免电极与金属炉盖导电起弧，通常采用弧形高铝大块砖密封，或用高温耐火水泥捣打成圆形制成电极密封圈。

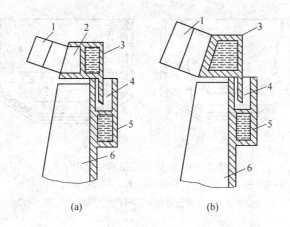

图 5-8 炉盖圈截面形状

（a）垂直形炉盖圈；（b）倾斜形炉盖圈

1—炉盖；2—拱脚砖；3—炉盖圈；4—砂槽；5—水冷加固圈；6—炉墙

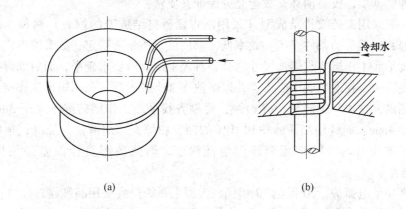

图 5-9 环形水箱式电极密封圈（a）和蛇形管式电极密封圈（b）

5.1.2 炉衬

电弧炉炉衬指电弧炉熔炼室的内衬，包括炉底、炉壁和炉盖三部分。炉衬所用的耐火材料有碱性和酸性两种，绝大多数电弧炉都采用碱性炉衬。传统普通功率碱性电弧炉的炉衬结构如图 5-10 所示。

5.1.2.1 炉底

炉底自下而上由绝热层、保护层和工作层三部分构成。

绝热层是炉底的最下层，其作用是减少通过炉底的热损失。在炉底钢板上铺一层厚约 10~15mm 的石棉板，其上再铺 5~10mm 厚的硅藻土粉，硅藻土粉上面平砌一层硅藻土砖或黏土砖，砖缝用相同砖粉充填。绝热层的总厚度一般为 80mm 左右。

保护层的作用主要是保证熔池部分的坚固性，防止漏钢。一般采用 2~4 层镁砖（干砌），最上一层镁砖要求侧砌。砖面要磨平，层与层之间要交叉砌制，互成 45°或 60°角且

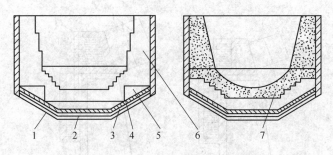

图 5-10　电炉炉衬结构示意图
1—炉壳；2—石棉板；3—硅藻土粉；4—黏土砖；5—镁砖；
6—沥青镁砂砖；7—镁砂打结层

砖缝不大于 2mm，每砌完一层砖后用粒度不大于 0.5mm 的镁砂粉填缝，用木锤敲打砖面使其充填密实。层与层之间，用镁砂粉填平。

在镁砖层上为炉底工作层。工作层直接与钢液和炉渣接触，这里温度很高，化学侵蚀严重，机械冲刷剧烈，极易损坏，故应充分保证其质量。

工作层一般采用砌砖或打结成型（采用沥青镁砂打结成型的炉底）两种。采用打结成型，便于修补，但劳动条件恶劣，效率低，密度低，质量不稳定，故普遍推广砖砌炉底工作层。砖砌炉底工作层要与熔池尺寸吻合，首先上层镁砖要求砌平，而后沥青镁砂砖才能砌平。先在镁砖上找准炉底中心点，并以熔池底部半径画圆，采用矩形工作层砖按十字形或人字形侧砌，在炉底砌砖靠炉壳边缘，要剔齐找平。工作层砖缝不大于 3mm，平面高度差不大于 4mm。砖缝用细镁砂粉和 10% 的沥青粉填充，用薄铁片插缝，再用木锤敲打充实。在炉坡处以均等阶梯距离环砌熔池深度，熔池各圈直径误差必须保证不大于 20mm。

对于超高功率电弧炉，20 世纪 70 年代，大型电弧炉炉底采用高纯镁砖砌筑；80 年代以后，炉底采用烧成镁白云石-炭砖砌筑，也有采用镁砂（富含 $2CaO \cdot Fe_2O_3$）和镁白云石（富含 $2CaO \cdot Fe_2O_3$）散状料捣打的。

为了避免电极穿井到底时电弧直接烧坏炉坡，熔池底部直径应大于电极极心圆 300～500mm。炉底工作层厚度一般为 200～300mm。

冶炼低碳钢时，为防止炉衬使钢液增碳，须用无碳炉衬，可采用卤水镁砂砖或卤水镁砂砌筑炉底。

5.1.2.2　炉壁

对于采用砌砖炉壁的普通功率电炉，炉壁除经受高温作用和温度急剧变化的影响外，还要受到钢液的直接冲刷、炉渣的化学侵蚀以及炉料的碰撞，特别是在渣线附近，蚀损尤为严重。因此要求炉壁在高温下具有足够的强度、耐蚀性和抗热震性。

炉壁结构由外向内第一层以石棉板作绝热层，第二层用硅藻土砖或黏土砖立砌作保温层，第三层用沥青镁砂砖环砌做工作层。炉壁下部厚度一般约等于炉底厚度的 2/3。

一般中等容量的电炉，可在炉壳内壁设置竖向或横向筋板，衬砖嵌入筋板内，倾炉时不致塌落。

超高功率电弧炉砖衬炉壁，自 20 世纪 90 年代以来，几乎全部采用镁炭砖砌筑。这与现代水冷炉壁技术需要高导热性能的要求有关。

5.1.2.3 炉盖

碱性电弧炉砌砖炉盖的材料一般采用一、二级高铝砖砌筑，也有采用铝镁砖砌筑的。铝镁砖主要用在炉盖的易损部位（电极孔、排烟孔、中心部位），其余部位仍用高铝砖构成复合炉盖。

炉盖的砌筑在拱形模子上进行。砌好的炉盖圆中心必须与极心圆的中心对准。

炉盖用高铝砖时一般采用湿砌。砖缝填料由高铝质火泥、卤水、净水调和而成。炉盖用镁砖或铝镁砖时宜采用干砌，湿砌会导致砖体在高温下粉化。

炉盖砖的砌筑方法，通常采用"人"字形砌法，先砌"丁"字梁，接着砌三个电极孔，以避免砌电极孔时砍砖，再从拱角梁往上砌，三个大框间按人字形砌砖，砌缝不大于3mm，每隔 7～8 块砖将砖留出一头，便于打下楔紧，砌完后再从炉盖面上灌浆。

砖的选择，异型砖较标准砖好。砖的外形平整、厚薄均匀、长短一致，不缺棱掉角，砌制时砖与砖高低不得相差 5mm，耐火泥做到均匀刮抹，薄而饱满，砌缝错开，逐砖砌制，逐砖敲严。砌砖完毕应进行烘烤干燥，以减少温度变化造成剥落掉块，烘烤温度为500～600℃保温待用。砖砌炉盖厚度一般在 230～350mm 之间，大容量炉子（30t 以上）取上限。

5.1.3 炉衬的维护

炉衬的维护简称护炉，其目的是提高炉衬的使用寿命，降低耐火材料消耗，为优质、高产、多品种及冶炼的顺利进行创造条件。炼钢电炉的炉龄除与砌筑质量有关外，加强维护也是十分重要的。

5.1.3.1 影响炉衬寿命的主要因素

（1）高温热作用的影响。炼钢电炉的炉衬常处于高温热状态，一般冶炼温度常在1600℃以上。除此之外，炉衬还要承受热震。虽然这种现象在冶炼过程中是不可避免的，但应尽可能地降低或缩短高温热作用的程度与时间，如快速扒补炉与装料，保证设备运转正常，尽量减少热停工等，均有利于提高炉衬的使用寿命。

（2）化学侵蚀的影响。炼钢过程中，自始至终进行着各种化学反应，尤其是在渣钢界面处更为剧烈，渣线的形成原因主要在于此。

化学侵蚀与熔渣的组成及流动性有关。当渣中 SiO_2、P_2O_5、Al_2O_3 或 Fe_2O_3 等酸性或偏酸性氧化物含量较高时，在高温下与碱性的 MgO 就要发生反应，生成相应的硅酸镁和铝酸镁等，使炉衬耐火材料表面熔点降低，进而加剧了炉衬的损坏。熔渣的流动性对化学侵蚀的影响主要表现在：稀渣碱度低，化学反应剧烈并能使熔池翻滚，极易增加炉衬的热负荷；稠渣将使熔池升温困难、化学反应变得缓慢，从而延长了高温冶炼时间，也促使炉衬的损坏。

除此之外，化学侵蚀还与钢液中元素的组成有关。当冶炼含有较高的锰、硅、钨或含碳很低的钢，或钢中混有少量的铅、锌等元素时，更加剧了对炉衬的侵蚀。

（3）弧光的辐射或反射的影响。弧光的辐射热或反射热会作用到炉衬上而使耐火材料软化，因此布料要合理。装料时，固体冷料应合理地占有熔炼室空间，使之送电后在不太长的时间里，弧光能被钢铁料所包围；在冶炼过程中，造泡沫渣，也能大大减少因弧光的辐射或反射对炉衬的危害。

（4）机械碰撞与振动的影响。装料与布料不合理，或装料前炉底没有垫入适量的石灰，或料筐抬得过高，炉底炉坡可能承受大块重料的碰撞、振动与冲击而形成坑洼。装料操作不当，造成料筐碰伤炉壁；或钢铁料挑选不严，在熔化期出现爆炸等，均可降低炉衬的使用寿命。冶炼车间噪声大，噪声波的冲击也是炉衬损坏的另一因素。

（5）操作水平的影响。在冶炼过程中，氧管口的温度高达 2100℃。如吹氧不当，氧气火焰触及炉底炉坡等部位，极易造成直接烧穿。造渣制度执行不当，如氧化渣过厚过稠而又低温加矿，开始时 CO 气泡排不出来，后来猛烈迸发冲出，结果使炉内压力过大，容易造成炉盖坍塌。如果还原期因某种原因而造成熔渣过稀，使弧光反射严重，也极易加速炉衬的损坏。化学成分控制不当，造成重氧化而出现钢液过热，不仅延长了冶炼时间，又降低了炉衬的使用寿命。尤其是冶炼低碳高合金钢、高锰钢、高硅钢、高钨钢时，更要多加小心。

5.1.3.2 炉衬的正常维护

炉衬的正常维护需要做到以下几个方面。

（1）炉底炉坡的维护。在一个炉龄期中，炉底炉坡难以保持原有的正常形状和尺寸，一旦出现严重减薄、坑洼或上涨等情况，应及时处理。

装料前，炉底炉坡处应垫入足够量的石灰，用以防止大块重料砸伤，避免在熔化过程中，料中的硅、磷、铁等元素氧化形成 SiO_2、P_2O_5、Fe_2O_3 等酸性渣而侵蚀炉底炉坡。装料时料筐不能过高，炉料中如需配入焦炭或电极块等配碳剂时，应加在石灰上面，避免弧光将炉底炉坡直接灼伤。在冶炼过程中，严禁电极脱落，以免将软化的炉底砸成深坑。另外，装入量要保持相对的稳定，避免钢水量严重不足而侵蚀炉坡。

冶炼工艺制度科学合理，温度合适，操作准确，避免重氧化；吹氧管不许触及炉底炉坡；保持设备运转正常，尽量缩短冶炼时间等，均是强化炉底炉坡正常维护的重要措施。

（2）炉壁的维护。炉壁各部位温度分布不均匀，补炉作业的重点为热点区。水冷炉壁的出现已经取得了极其满意的结果，但在冶炼过程中应经常检查水温、流量，严防停水和漏水。同样，炉顶水冷系统也要保持正常，并防止循环水滴漏而热侵蚀炉壁。此外，装入量更要保持相对的稳定，严防超装过多侵蚀炉壁；装料应有专人指挥，避免料筐碰撞炉壁。

为了减缓弧光及熔渣对炉壁寿命的影响，造渣要及时，渣量与流动性要合适，尽量避免弧光裸露，渣层过厚，或碱度低、渣子稀而侵蚀炉壁。

渣线处的固体料不要轻易用氧管吹扫，熔化期的早期造渣尤为重要，它能防止渣中呈游离状态存在的 SiO_2、P_2O_5、Fe_2O_3 等与耐火材料中的 MgO、CaO 发生作用，进而保护了渣线。此外，冶炼各期的温度要控制好，切忌急剧降温及后升温等。

（3）炉盖的维护。炉盖设计要科学合理，拱度、高度、强度要合适，炉盖圈与炉壳的封闭圈要保持严合，防止倾炉时窜动。砖砌炉盖要选择膨胀系数小的耐火材料，防止受热后个别凸起或被挤坏。此外，炉盖在使用前不仅要干燥好，而且要有一定的预热温度。

在使用过程中，炉盖的高温作业层在空气中裸露的时间要尽量短，以减少热震的不利的影响。炉料如果高出炉身时，必须压平，防止炉料撞坏炉盖。升降或更换电极时，还应防止电极碰坏炉盖。粉末少的造渣材料能减缓对砖砌炉盖的侵蚀。炉盖上的积灰应经常吹扫，否则影响散热。炉盖的水冷系统要保持正常，电极圈要齐全且宽度要稍宽些。此外，还要严格执行造渣制度，如氧化渣的流动性要好，渣层不能过厚，避免 CO 气体排出不好及低温氧化或加矿过猛，而引起炉盖的坍塌。

除此之外，炉盖在升降、旋转、搬运及保存时，严防碰撞、振动、受力过猛而使其变形或坍塌；水冷炉盖不要与炉料接触，以免送电后被击穿。

5.1.4 烘炉

新炉体通常要烘炉，使炉体烧结和去除水分。碱性电弧炉炉衬由镁砂、白云石、沥青、焦油等材料组成，在高温下沥青、焦油中的挥发物去除后，剩下固体碳成为炉衬耐火材料的骨架，它有很高的抗高温性能，与镁砂、白云石结成一体使炉衬具有足够的强度和耐火度；同时由于水分的去除，使冶炼时钢的质量得到保证。

烘炉前先在炉底铺一层碎电极块或焦炭，数量由炉容量的大小来决定。烘炉用的废电极在焦炭上面成"丁字形"或"三角形"，准确平稳地放在三相电极下面，如图 5-11 所示。废电极的长度要恰当，两端不能直接搁在炉坡上，以免烘炉期间烧坏炉坡。如没有足够的废电极块，也可用大块焦炭代替。

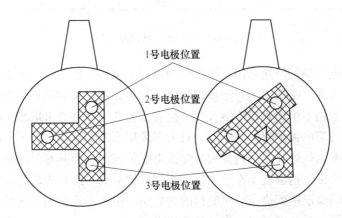

图 5-11 烘炉电极的安放形式

烘烤的供电制度随炉衬材料不同而不一样，沥青炉烘炉时必须用高电压、大电流快速升温，迅速渡过 200℃ 以下沥青、焦油软化温度区。如缓慢升温，会使沥青焦油镁砂炉衬长时间处于软化状态，易发生塌炉墙事故。

卤水炉（无碳炉衬）烘炉时必须用低电压、小电流缓慢升温，如升温过快，会使卤水剧烈汽化而引起炉底开裂和炉墙崩裂。

在烘炉过程中需安排间隔时间停电，检查烘炉电极位置、炉衬烧结情况、设备情况、水冷系统情况，同时也有利于炉底和炉墙温度的均匀和透气。

烘炉电力曲线实例如图 5-12 和图 5-13 所示。

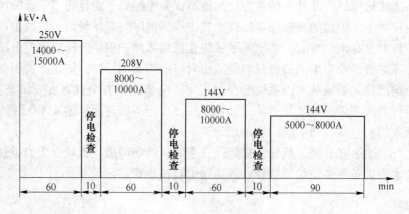

图 5-12　沥青炉烘炉曲线

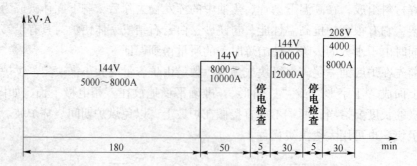

图 5-13　卤水炉烘炉曲线

目前，许多电弧炉钢厂还采用了不烘炉而进行直接炼钢的方法。根据电弧炉所冶炼品种的要求及采用水冷炉壁情况，对新修砌的电弧炉可采用传统的烘炉炼钢方法和不烘炉直接炼钢方法。但采用不烘炉直接炼钢方法，仍要根据新炉的特点采取相应的措施来完成烘炉的任务。由于直流电弧炉有炉底电极，且大多采用水冷炉壁，一般不专门进行烘炉，而采用不烘炉直接炼钢烘烤技术。其要求与交流电弧炉类似，而其起弧操作与常规直流电弧炉相同。不烘炉直接炼钢法就是在使用新沥青镁砂炉衬前不经预先烘烤新炉而直接装料炼钢，利用冶炼时的高温达到烧结炉衬的目的的方法。由于不进行预先的烘炉，可节电，节约焦炭，节省时间，提高钢产量，现已被广泛采用。

不烘炉而进行直接炼钢，因砌炉时带入水分，它在高温下分解成氢和氧并溶解在钢水中，易造成钢锭冒涨或皮下气泡。而且炉衬材料在高温烧结时会发生体积膨胀。因此，为了同时达到烘炉的目的又要使钢水符合质量要求，不烘炉直接炼钢法对砌炉、配料、装料、供电熔化、氧化期和还原期操作的要求与常规的冶炼操作相比均有所不同。以"慢、匀、快"为原则，即熔化期要慢，以利于炉底烧结；氧化期适当增加脱碳量，分批加矿与吹氧结合进行氧化，以使钢水中溶解的大量气体充分逸出；还原期不宜过长，以减少钢水进一步从大气吸气。

第一炉宜冶炼 35～60 号钢，最好为 35 号钢。配料应选用清洁、干燥、中小块度的优质废钢，配碳量比常规高0.2%以上，以保证氧化期脱碳量不小于0.4%。装料前炉底宜适当多加石灰并铺平（直流电弧炉有炉底电极，不允许在炉底加石灰，可在熔池形成后逐渐加入）。电极穿井到底后，适当减电流以避免炉底受热过于剧烈。熔化期吹氧助熔不宜过早（炉料熔化80%~90%后，甚至不吹氧）。炉料熔清后可停留一段时间（20~30min），以利于炉衬气体逸出，并且最好换渣。氧化期要加强沸腾去气，一定要有良好的均匀沸腾，但又要避免大沸腾。加矿宜少量多批（加矿量不少于料重的3%~5%）。吹氧时氧压不宜过大，插入深度不宜过深。全部拉渣前，圆杯试样（插铝或加硅铁粉脱氧）应收缩良好、不冒涨，否则应重新去气。还原期应尽量缩短，以减少钢液吸气，最好采用返回渣法或快白渣法。出钢温度应控制在中下限，要防止高温出钢，也要防止低温出钢。

槽式出钢电炉，第一炉不堵出钢口，且在氧化后期应经常通一通，以让火焰蹿出而烧结这部分的炉衬。出钢槽应在通电开始即用木柴或煤气烘烤。其余操作与基本工艺相同。

5.2 电弧炉的机械设备

5.2.1 电炉倾动机构

为了电炉的出钢和出渣，炉体应能倾动。倾动机构就是用来完成炉子倾动的装置。槽式出钢电炉要求炉体能够向出钢方向倾动40°~45°出净钢水，偏心底出钢电炉要求向出钢方向倾动12°~15°出净钢水；向炉门方向倾动10°~15°以利出渣。

倾动机构目前广泛采用摇架底倾结构（见图5-14），它由两个摇架支承在相应的导轨上，导轨与摇架之间有销轴或齿条防滑、导向。摇架与倾动平台连成一体。炉体坐落在倾动平台上，并加以固定。倾动机构驱动方式多采用液压倾动。它是通过两个柱塞油缸推动摇架，使炉体倾动。回倾一般靠炉体自重。

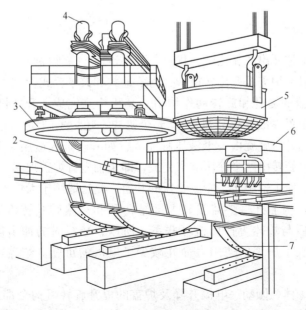

图5-14 炉盖旋开电弧炉

1—操作平台；2—出钢槽；3—炉盖；4—石墨电极；5—料罐；6—炉体；7—倾炉摇架

5.2.2　电极升降机构

电极升降机构由电极夹持器、立柱、横臂及传动机构等组成。它的任务是夹紧、放松、升降电极和输入电流。

（1）电极夹持器（又称卡头、夹头）。电极夹持器多用铜或用内衬铜质的钢夹头，铬青铜的强度高，导电性好。夹持器的夹紧常用弹簧，而放松则采用气动或液压。弹簧与缸可位于电极横臂内，或在电极横臂的上方或侧部。

（2）电极立柱。电极立柱采用钢质结构，它与横臂连接成一个 Γ 型结构，通过传动机使矩形立柱沿着固定在倾动平台上的导向轮升降，故常称为活动立柱。

（3）横臂。横臂是用来支持电极夹头和布置二次导体。横臂要有足够的强度，大电炉常设计成水冷的。近年来，在超高功率电炉上出现了一种新型横臂，称为导电横臂。导电横臂有铜-钢复合水冷导电横臂（覆铜臂）和铝合金水冷导电横臂（铝合金臂）两种，断面形状为矩形，内部通水冷却。

使用导电横臂的优点是：改善了阻抗和电抗指标，电极心圆直径小，电弧对称性和稳定性好，确保了高功率输入电能，提高了生产率，也降低了耐材消耗；电极臂刚性大，电极可快速调节而不会造成系统振动；将电极横臂的导电和支撑电极两种功能合为一体，电极夹紧放松机构安放在横臂内部，取消了水冷导电铜管、电极夹头和横臂之间众多绝缘环节，使横臂结构大为简化，减少了维修工作量。

（4）电极升降驱动机构。电极升降驱动机构的传动方式有电机与液压传动。液压传动系统的启动、制动快，控制灵敏，速度高达 $8 \sim 10 m/min$。大型先进电炉均采用液压传动，而且用大活塞油缸。

5.2.3　电弧炉顶装料系统

5.2.3.1　炉盖提升旋转机构

炉盖旋转式与炉体开出式相比较，优点是装料迅速、占地面积小、金属结构重量轻以及容易实现优化配置。炉盖提升旋转机构分为落地式和共平台式。

（1）落地式炉盖的提升和旋转动作均由一套机构来完成。升转机构有自己的基础，且与炉子基础分开布置（故又称分列式），整个机构不随炉子倾动。此种升转机构有两种形式：一种炉盖的提升、旋旋由一个液压缸完成，如升转缸，适用于 10t 以下的小炉子；另一种炉盖的提升、旋转由两个液压缸来完成，即主轴先将炉盖顶起，然后在主轴下部的液压缸施加径向力，使主轴旋转，完成炉盖的开启，此法适用于大炉子。

装料时，升转机构上升将炉盖及其上部结构顶起，然后升转机构旋转，将炉盖旋开。由于炉盖旋开后与炉体无任何机械联系，所以，装料时的冲击震动不会波及炉盖和电极，因而也延长了炉盖的使用寿命并减少了电极的折断。炉盖与旋转架之间用杆固定。

（2）共平台式炉体、倾动、电极升降及炉盖的提升旋转机构全都设置在一个大而坚固的倾动平台上。因炉子基础为一整体（故又称整体式），整个升、转机构随炉体一起倾动。它的提升与旋转由分开的两套机构完成。

5.2.3.2 料罐

炉顶装料是将炉料一次或分几次装入炉内，为此必须事先将炉料装入专门的容器内，然后通过这一容器将炉料装入炉内。这一容器通常称为料罐，也称料斗或料筐。料罐主要有两种类型：链条底板式和蛤式。目前国内大多采用链条底板式，国外普遍采用蛤式。

A 链条底板式料罐

链条底板式料罐见图 5-15，上部为圆筒形，下端是一排三角形的链条板，链条板下端用链条或钢丝绳串连成一体，用扣锁机构锁住，并成一个罐底。料罐吊在起重机主钩上，扣锁机构的锁杆吊在副钩上。装料时将罐吊至炉内，用副钩打开罐底，使炉料跌落至炉膛内。料罐的直径比熔炼室直径略小，以免装料时撞坏炉墙。

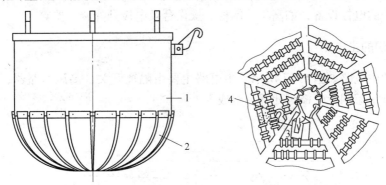

图 5-15 链条底板式料罐
1—圆筒形罐体；2—链条板；3—脱锁挂钩；4—脱锁装置

这种料罐的优点在于装料时料罐可进入炉膛中，吊至距炉底 300mm 的位置，减轻了炉料下落时的机械冲击。缺点是每次装完料后需将链条板重新串在一起，劳动强度大，链条板和扣锁机构易被烧损或被残钢焊住，维修量大，同时这种料罐须放在专门的台架上。

B 蛤式料罐

蛤式料罐又称抓斗式料罐，如图 5-16 所示。这种料罐的罐底是能分成两半而向两侧

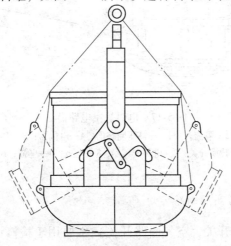

图 5-16 蛤式料罐

打开的腭，两个腭靠自重闭合，用起重机的副钩通过杠杆系统可使腭打开。

这种料罐的优点是能在一定程度上控制料罐底打开的程度，以控制炉料下落速度，同时不需要人工串链条板和专门的台架。其缺点是料罐不能放入炉内，只能在熔炼室的上部打开罐底，炉料下落时的机械冲击大，装料时易损坏炉底。

5.3　电弧炉的电气设备

电炉电气设备包括"主电路"设备和电控设备。一般电炉炼钢车间的供电系统有两个：一个系统由高压电缆直接供给电炉变压器，然后送到电极，这段线路称为电弧炉的"主电路"；另一个系统由高压电缆供给工厂变电所，再送到需要用电的其他低压设备上，这也包括电炉的电控设备，如高压控制柜、操作台及电极升降调节器等。

5.3.1　电弧炉的主电路

电弧炉的主电路如图 5-17 所示。主电路主要由隔离开关、高压断路器、电抗器、电炉变压器、低压短网及电极等几部分组成。

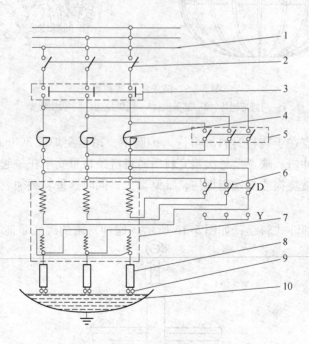

图 5-17　电弧炉主电路简图

1—高压电缆；2—隔离开关；3—高压断路器；4—电抗器；5—电抗器短路开关；
6—电压转换开关；7—电炉变压器；8—电极；9—电弧；10—钢水

5.3.1.1　隔离开关与高压断路器

隔离开关（也称进户开关，空气断路开关）主要用于检修设备时断开高压电源。常用的隔离开关是三相刀闸开关，这种开关没有灭弧装置，必须在无负载时才可接通或切断电路，因此隔离开关必须在高压断路器断开后才能操作。电弧炉停电或送电时，开关操作顺序是：送电时先合上隔离开关，后合上高压断路器；停电时先断开高压断路器，后断开隔离开关。否则刀闸和触头之间会产生电弧，烧坏设备和引起短路事故等。为了防止误操作，常在隔离开关与高压断路器之间设有连锁装置，使高压断路器闭合时隔离开关无法操作。

隔离开关的操作机构有手动、电动和气动三种。当进行手动操作时，应带好绝缘手套并站在橡皮垫上，以保证安全。

高压断路器用于使高压电路在负载下接通或断开，并作为保护开关在电气设备发生故障时自动切断高压电路。电弧炉使用的高压断路器有油开关（最普通）、电磁式空气断路器（又称磁吹开关，适于频繁操作）和真空断路器（适于比较频繁的操作，可以较好地满足功率不断增大的要求，寿命比油开关高40倍）。

5.3.1.2 电抗器

电抗器串联在变压器的高压侧，其作用是使电路中感抗增加，以达到稳定电流和限制短路电流的目的。

电抗器具有很小的电阻和很大感抗，能在有功功率损失很小的情况下，限制短路电流和稳定电弧。但是它的电感量大，使无功功率增大，降低了功率因数，从而影响了变压器的输出功率。因而电抗器的接入时机和使用时间必须加以控制，一旦电弧燃烧稳定，就应及时从主回路上切除，以减少无功功率消耗。

小炉子的电抗器可装在电炉变压箱体内部，大炉子则单独设置电抗器。意大利 Danili 公司研制的 Danarc 交流高阻抗电炉技术，就是在炉子变压器的一次侧串了一台饱和电抗器，以减少电网闪烁。

5.3.1.3 电炉变压器

A 电炉变压器的特点

电炉变压器是一种特制的专用变压器，属于降压变压器。它把高达 8000～10000V（甚至更高）的高电压低电流变为 100～400V 低电压大电流供给电弧炉使用。

变压器的心脏是铁心与原边和副边绕组。三相变压器是由三个原边绕组和三个副边绕组构成，这些绕组都绕在一个公共的铁心上。当交变电流流过原边绕组的线圈时，产生交变磁通，此交变磁通在副边绕组中产生感应电动势。原边绕组的匝数（n_1）和副边绕组的匝数（n_2）之比，或变压器在空载下的原边电压（U_1）和副边电压（U_2）之比，称为变压器的变压比（K）。

变压器中的能量损失是很小的，如果忽略变压器的损耗，可得：

$$K = \frac{n_1}{n_2} = \frac{U_1}{U_2} = \frac{I_2}{I_1}$$

变压器的副边电流（I_2）为原边电流（I_1）的 K 倍，即：$I_2 = KI_1$；而副边电压（U_2）为原边电压（U_1）的 $1/K$ 倍，即：$U_2 = U_1/K$。

三相变压器的额定视在功率（kV·A）为：

$$S_H = \sqrt{3}U_1I_1$$

三相变压器输出的有功功率（kW）可以用如下公式计算（△/Y 皆可）：

$$P = \sqrt{3}U_1 I_1 \cos\varphi$$

式中　U_1——线电压，V；

　　　I_1——线电流，kA；

$\cos\varphi$——负载的功率因数。

一般电炉变压器副边绕组都是采用三角形接法，而原边绕组的接法可以改变。

电炉变压器与一般电力变压器比较，具有如下特点。

（1）变压比大，副边电压低而电流很大，可达几千至几万安培。

（2）有较大的过载容量（约20%～30%），不会因一般的温升而影响变压器寿命。

（3）根据熔炼过程的需要，副边电压可以调节，以调整功率。

（4）有较高的机械强度，经得住冲击电流和短路电流所引起的机械应力。

B　电炉变压器的电压调节

电炉炼钢的不同阶段所需的电能不同，电炉变压器的调压是通过改变线圈的抽头和接线方法来实现的。变压器的原边绕组可以接成三角形，也可以接成星形。当原边绕组由三角形改接成星形时，副边侧的电压是未改变接法以前的1/1.732倍。为了获得更多的电压级数，采用变压器原边绕组的抽头，再配合变换三角形和星形接法来调整电压。利用这些抽头可以改变原边线圈的匝数，从而获得更多的电压比。从理论上讲，改变副边线圈也可达到调压目的。但是副边线圈的截面很大，在低压侧装置分接开关极为不便，因此在变压器的高压侧配有电压抽头调节装置。国内目前使用的大多是无载调压装置，这种机构比较简单。在转换电压时，必须先断开断路器使变压器停电。调压装置有手动、电动和气动3种。

用电子计算机程序控制的电弧炉，要在熔化、精炼等阶段自动调节输入功率，希望能不停电转换电压，变压器抽头就要在有载情况下更换，这就需要用有载调压开关。

有载调压工作原理如图5-18所示。它由选择开关m和n、"T"形转换开关K和限流电阻R组成。转换开关K和电阻R装于绝缘筒做的小箱内，小箱内装有灭弧用的油，灭弧油必须和变压器的油隔开，不能相混。

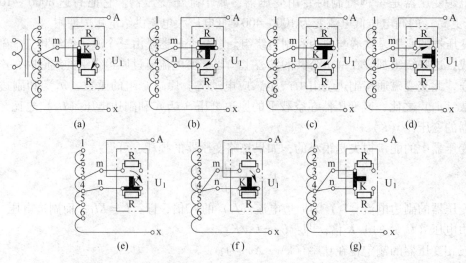

图5-18　有载调压的工作原理图

（以第3级转到第4级为例）

在改变电压时，"T"形开关 K 可转动 360°。在转动过程中，选择开关 m 与 K 相联系，有步骤地从一个分接头转接到相邻的一个分接头。在转换电压的过程中高压绕组中的工作电流从未切断，选择开关 m 和 n 也从不切断电源。在 m 和 n 分别和相邻两分接头相接时，两个电阻 R 用来限制此段分接线圈中的电流。

由于有载调压操作调压时不需要变压器停电，可减少炉子热停工时间，提高了生产率；对于电网来说，可避免断电和送电造成的电压波动；并且比无载调压能更多地更换电压级数，能更适合所需的温度制度。但是有载调压开关如损坏，就要停炉修理或更换。

C 电炉变压器的冷却

变压器运行时，由于铁心的电磁感应作用会产生涡流损失和磁滞损失，也就是"铁损"；同时线圈流过电流，因克服电阻而产生"铜损"。铁损和铜损会使变压器的输出功率降低，同时造成变压器发热。变压器发热会使绝缘材料变质老化，降低变压器的使用寿命。温度过高容易使绝缘失效，造成线圈短路，烧坏变压器。

变压器工作时，要求线圈的最高温度小于 95℃。新型变压器其温度计就埋在线圈之中，直接监测线圈温度。但通常的变压器是用油面温度计来标示线圈温度的，由于油面温度与线圈实际温度之间还有一个差值，所以允许的最大油面温度还要低。对于油浸自冷式变压器，最大油面温度应更低些。变压器往往还规定了最大温升（变压器的工作温度减去它周围的大气温度的温度值）。周围大气温度一般以夏季最高温度 35℃ 计算。在自然通风条件下，油浸自冷式变压器线圈的最大温升为 80℃，油面的最大温升为 50℃。

电炉变压器的冷却主要有两种方式，即油浸自冷式和强迫油循环水冷式，如图 5-19所示。油浸自冷式的铁心和线圈浸在油箱中，油受热上浮进入油管被空气冷却，然后再从下部进入油箱。强迫油循环水冷式变压器的铁心和线圈也浸在油箱中，用油泵将变压器油抽至水冷却器的蛇形管内强制冷却，然后再将油打入变压器油箱内。为了保证冷却水不致因油管破裂而渗入管内，油压必须大于水压。

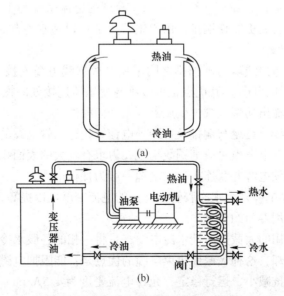

图 5-19 电炉变压器的冷却方式示意图
(a) 油浸自冷式；(b) 强迫油循环水冷式

5.3.1.4　短网

短网是指从变压器副边（低压侧）引出线至电极这一段线路。

A　短网结构

短网的结构如图 5-20 所示，它包括硬铜母线（铜排）、软电缆、炉顶水冷铜管（或导电横臂）和石墨电极。这段线路约 10 ~ 20m，但导体截面很粗，通过的电流很大，又称大电流导体（或大电流线路）。短网中的电阻和感抗对电炉装置和工艺操作影响很大，在很大程度上决定了电炉的电效率、功率因数以及三相电功率的平衡。

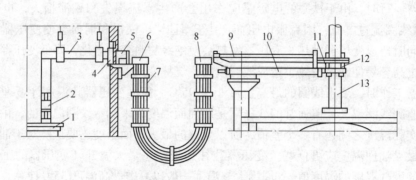

图 5-20　中小容量电弧炉短网结构

1—炉子变压器；2—补偿器；3—矩形母线束；4—电流互感器；5—分裂母线；6—固定集电环；

7—可绕软电缆；8—移动集电环；9—导电铜管；10—电极把持器悬臂；

11—供给电极夹板的软编线束；12—电极把持器；13—电极

从变压器副边绕组出线端到变压器室外面的软电缆接头处是硬铜母线。根据"周长与横截面积之比越大，自感系统越小"这一规律来选择导体最有利的截面积形状。硬铜母线通常采用矩形铜板，其高宽比约 10 ~ 20，允许的电流密度为 1.5 ~ 2.0A/mm²。有的电炉采用空心铜管代替铜板制作铜排，由于铜管内部可以通水冷却，既提高了电流密度，又减少了接头处的维修。

在变压器副边绕组出线端与硬铜排之间采用一段软线电缆连接（长约 400mm，线径与硬铜排之后的软电缆相同），其优点是可减小与变压器连接处的振动而造成连接螺丝松脱，减小电阻、提高输出功率，减少变压器因振动而漏油。

软电缆又称软母线，首尾与铜排及水冷导电铜管相连。软电缆的长度以能满足电极升降和炉体倾动为限。软电缆由每股细铜线绕成，力求有较大的表面积，根据变压器额定电流的大小，采用多根软电缆并联连接。软电缆一般为裸铜电缆，允许的电流密度为 1.0 ~ 1.5A/mm²，如在裸铜电缆外套水冷胶管，允许的电流密度可以提高 2 ~ 3 倍，同时可起到节约电缆根数提高使用寿命的效果。

目前电炉短网应用的大截面柔性水冷电缆，是将一相的各股水冷电缆组成圆形，内外由胶管固定并通水冷却，这种大截面集束电缆的优点是：能阻抑电磁振动，防止磨损，使用寿命成倍提高；阻抗减小，运行稳定，允许电流密度为 4.5A/mm²，使变压器出力提高 10% ~ 15%，节电 3% ~ 5%，并可降低炉衬材料烧损。

水冷导电铜管装在电极横臂的上方，首尾与软电缆及电极夹头相连。每相电极有两根水冷导电铜管，管臂厚度一般 10 ~ 15mm，管内通水冷却，允许的电流密度为 3.5 ~ 8.0A/mm²。

因为在短网中通过巨大的电流（可达几万安培），减小短网中的电阻和感抗，对减小电能损失具有重大意义。一般从隔离开关至电极这段主回路上的电能损失为 7% ~ 14%，短网上的电能损失占 4.5% ~ 9.5%，电极上的电能损失为 2% ~ 5%。为了减少短网的电阻和感抗，要尽量缩短短网的长度，连接螺丝及二次穿墙铜排的防护板，宜采用非磁性材料。各接头处尤其是电极与夹头、电极与电极之间应该紧密连接，以减小接触电阻。一般采用管状或板状导体以减少电流的集肤效应，短网的全部或局部尽可能采用水冷电缆。短网各相导体之间的位置尽可能互相靠近，但导体与粗大的钢结构应离得远一些。

短网电缆平行导线上的电流，所产生的电磁力的相互作用，使导体时推时吸，会造成软电缆左右摇摆，为防止短路，在每相导体上架设方木框或采用水冷胶皮电缆使之分隔。短网与炉壳之间应严格绝缘。

　　B　超高功率交流电弧炉的短网布线

如果电弧炉的短网导体采用普通平面布置，两侧边相对于中相导体来说为对称布置，各相导体的数量及布置形式完全相同。但中间相的短网长度较其他两相短，且电感也比其他两相小，所以阻抗小。这样中间相的电弧功率通常总是超过其他两相。其他两相也由于感抗不同而导致电弧功率也不同，两相中电弧功率大的一相称为"增强相"，电弧功率小的一相称为"减弱相"。增强相与减弱相电弧功率增强与减弱的数值是相等的，也就是有一部分功率从减弱相转移到增强相去了，这种现象称为"相间功率转移"。因此，这种短网布线方式必然造成各相的阻抗和电抗不平衡，并由此造成输入炉内功率不平衡和炉壁热负荷分布严重不均衡，还对前级电网造成较大冲击。这些现象随着变压器功率的增大、电流的提高，特别是电弧炉超高功率化后，其危害越来越突出，从而严重地阻碍电弧炉炼钢的各项技术经济指标的改善。因此，必须改进电弧炉的短网结构与布线，以减少电弧炉的无功损耗，克服因二次导体阻抗和电抗的差异而引起的功率不平衡给冶金过程与设备带来的不良影响，为进一步改善电弧炉的各项指标，特别是降低电耗创造有利的条件。根据电弧炉短网阻抗的计算，可对不同容量的电弧炉按照不同的目的（减少电抗和平衡电抗）来采取不同的布线方案。

由于流有同相位电流的平行导体靠得越近，每个导体上的电抗值越大；流有反方向（或有相位差）电流的平行导体靠得越近，每个导体上的电抗值都减少（与同相位相比），因此产生了交错布线（30t 以上的电弧炉减少电抗）及修正平面布线方案（平衡电抗），如图 5-21 和图 5-22 所示。

修正平面布线的特征是：边相导体相对于中相导体为对称布置，各相导体的惯性中心在空间上位于同一水平面。中相导体的数量及间距减小，边相导体的数量及间距增大。这种布线结构简单，并实现了三相电抗平衡，可用于 30t 以上的大、中型电弧炉。

如将电弧炉各相二次导体分别置于等边三角形的三个顶点的位置，则因各相导体彼此之间相对距离相等，电磁耦合对称，在各相导体自身几何尺寸一致的情况下，各相导体大致相等。这种布线称为三角形布线方案。它能实现三相电抗平衡，但提高中相会受厂房高度的限制。而且为便于安装挠性电缆，须加大变压器到电弧炉间的距离，当车间作业面积受到限制时不易实现。此外，也会给安装工艺带来一些麻烦。因此，本方案常用于小电弧炉。

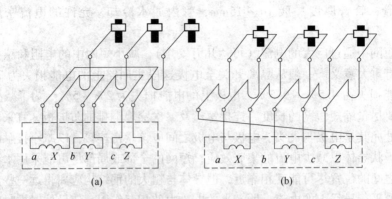

图 5-21　交错布线短网示意图
（a）部分交错；（b）全部交错

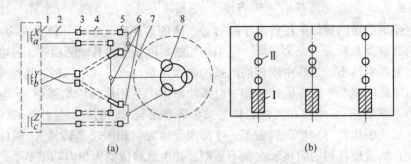

图 5-22　综合短网布线示意图（导电铜管部分属修正平面布线）
（a）短网布线；（b）横臂（Ⅰ）及铜管（Ⅱ）剖面图
1—电炉变压器；2—硬铜母线；3—挠性电缆固定连接端；4—挠性电缆；
5—挠性电缆运动连接端；6—水冷铜管；7—电极横臂；8—电极

　　吸取两种布置的优点，可组成更理想的修正三角形布线等方案。如图 5-23 所示。修正三角形布线时，三相导体的惯性中心在空间位于一个有两个锐角的等腰三角形的三个顶点上，各相的数量相同，中间导体的间距减小，边相导体的间距加大。这种布线结构紧凑，可用于 30t 以上的电弧炉。

5.3.1.5　电极

　　电极是短网中最重要的组成部分。电极的作用是把电流导入炉内，并与炉料之间产生电弧，将电能转化成热能。电极要传导很大的电流，电极上的电能损失约占整个短网上的电能损失的 40% 左右。电极工作时要受到高温、炉气氧化及塌料撞击等作用，这就要求电极能在冶炼的恶劣条件下正常工作。

　　A　对电极物理性能的要求

　　电极物理性能方面的要求主要有：

　　(1) 导电性能良好，电流密度大（28~15A/cm²），电阻系数小（8~10Ω·mm²/m），以减少电能损失。(2) 电极的热导率高，线胀系数小，弹性模量小，以提高电极抗热震

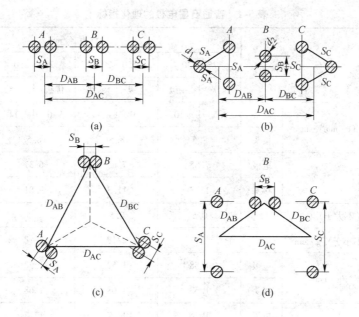

图 5-23 流过线电流的短网导体布置示意图

(a) 普通平面布置；(b) 修正平面布置；(c) 正三角形布置；(d) 修正三角形布置

性能。(3) 在高温下具有足够的机械强度。(4) 几何形状规整，且表面光滑、弯曲度要小，以保证电极和电极夹头之间接触良好。(5) 体积密度大，气孔率小，抗氧化性好，在电弧高温下不易氧化、不易升华或熔化烧损。

B 电极的种类

目前，电炉炼钢使用的电极主要有石墨电极、炭素电极、抗氧化电极、高功率-超高功率电极四种。此外，还有尚在研制、试验阶段的中空电极与水冷复合电极。

炭素电极是以低灰分的无烟煤粉、冶金焦粉、石油焦粉、沥青焦粉等炭素材料按一定的比例和粒度组成，再加入一定量的沥青或煤焦油等黏结剂，经预热到150℃搅拌混匀，采用降温挤压成型。在焙烧炉中加热至1250℃（约两周时间）使黏结剂碳化，电极组织结构为性硬的颗粒粗大的无定形碳，这就是所谓的炭素电极。

石墨电极是将炭素电极放入 2300~2500℃ 的电阻炉内进一步石墨化处理，以电极本身作为电阻元件，使炭素电极由无定形片状石墨转变为六角形结晶体。在石墨晶体长大过程中，炭素电极中的杂质灰分被大量去除，从而减小了比电阻，增大了电极强度。石墨化过程中吨电极电耗为 5000~7000kV·A，故石墨电极的价格比炭素电极高出 1.3~2.8 倍。

抗氧化电极是在电极的表面喷涂一层抗高温氧化的保护层。

高功率-超高功率石墨电极与普通石墨电极的区别是使用条件更为恶劣，要求载流密度和机械强度更大、电导率更高、线（热）膨胀系数和弹性模量更低。因此高功率-超高功率石墨电极生产过程更复杂，在焙烧过程中需增加沥青浸渍和二次焙烧。

目前电炉普遍采用石墨电极。石墨电极通常又分为普通功率和高功率（超高功率）电极。下面分别列出普通石墨电极的理化指标（表5-1）、普通石墨电极的允许电流负荷（表5-2）和超高功率石墨电极的理化指标（表5-3）。

表 5-1　普通石墨电极的理化指标

项 目		公称直径/mm							
		75~130		150~200		250~350		400~500	
		优级	一级	优级	一级	优级	一级	优级	一级
电阻率（不大于）/$\Omega \cdot mm^2 \cdot m^{-1}$	电极	8.5	10	9.0	11	9.0	11	9.0	11
	接头	8.5		8.5		8.5		8.5	
抗折强度（不小于）/MPa	电极	7.85		7.85		6.37		6.37	
	接头	11.3		11.3		9.81		9.81	
灰分（不大于）/%		0.5		0.5		0.5		0.5	
真密度（不小于）/$g \cdot cm^{-3}$		2.18		2.18		2.18		2.18	
假密度（不小于）/$g \cdot cm^{-3}$	电极	1.58		1.52		1.52		1.52	
	接头	1.63		1.63		1.68		1.68	
抗压强度（不小于）/MPa	电极	19.6		17.7		17.7		17.7	
	接头	29.4		29.4		29.4		29.4	

表 5-2　普通石墨电极的允许电流负荷

电极直径/mm	允许电流负荷/A	电极直径/mm	允许电流负荷/A
75	1000~1400	300	10000~13000
100	1500~2400	350	13500~18000
125	2200~3400	400	18000~23500
150	3500~4900	450	22000~30000
200	5000~6900	500	25000~34000
250	7000~10000		

表 5-3　超高功率石墨电极的理化指标

项 目	公称直径/mm			
	225~400		450~600	
	电极	接头	电极	接头
碳含量/%	≥99.3	≥99.3	≥99.3	≥99.3
灰分/%	≤0.2	≤0.2	≤0.2	≤0.2
气孔率/%	20~24	20~24	20~23	20~23
体积密度/$g \cdot cm^{-3}$	1.65~1.72	1.74~1.80	1.66~1.73	1.74~1.81

项　　目	公称直径/mm			
	225 ~ 400		450 ~ 600	
	电极	接头	电极	接头
电阻率/$\Omega \cdot mm^2 \cdot m^{-1}$	5.0 ~ 6.5	4.5 ~ 5.5	4.5 ~ 5.75	4.0 ~ 5.0
抗弯强度/MPa	9.0 ~ 14.0	—	8.5 ~ 13.5	—
抗拉强度/MPa	6.0 ~ 10.0	14.0 ~ 20.0	6.0 ~ 9.5	13.0 ~ 19.0
弹性模量/GPa	6.5 ~ 11.0	12.5 ~ 18.0	6.0 ~ 11.0	12.0 ~ 17.0
真密度/$g \cdot cm^{-3}$	2.20 ~ 2.23			
导热系数/$W \cdot (m \cdot ℃)^{-1}$	175 ~ 260	240 ~ 260	210 ~ 280	250 ~ 320
线（热）膨胀系数 (20 ~ 100℃)/$℃^{-1}$	$(0.5 ~ 1.0) \times 10^{-6}$	$(0.4 ~ 0.9) \times 10^{-6}$	$(0.3 ~ 0.6) \times 10^{-6}$	$(0.25 ~ 0.6) \times 10^{-6}$

　　实验结果表明，电弧的稳定性主要受几何形状的影响。短而粗的电弧的输入功率比较均匀稳定，研究发现中空电极的电弧比实弧更为稳定，因此中空石墨电极正在研制之中。

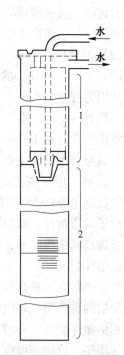

　　水冷复合电极由上部的金属电极柄和下部的石墨电极组成，见图5-24。水冷电极柄是非消耗品，由同心的三根套管组成。冷却水从中心管进入，通过水冷接头经两根外套管之间的环形间隙流出，内壳和中心管之间的空间与大气相通。为了避免氧化以及保证良好的导电性，水冷部分的表面加工得很光滑，与电极夹持器之间有良好的配合。水冷复合电极通过水冷接头与石墨电极连接。这种水冷螺纹接头能经受较大的扭矩，在使用过程中能减少断复合，电极均带有安全监控装置，当水量超过最低要求或水温超过允许的最高水温时，电极能自动地提升到炉外。水冷复合电极不仅可消除电极的高位断裂，能大幅度地降低电极消耗，又能提高炉盖的使用寿命。

图 5-24　水冷复合电极
1—水冷电极柄；2—石墨电极

　　C　电极消耗原因分析与措施

　　电极消耗由4个部分组成：端部消耗、侧面氧化、残端损失和电极折断。其中前两个为连续性消耗，后两个为间歇性消耗。因此，常把残端损失与电极折断合并为电极折断损失。端部消耗和侧面氧化可分别占电极消耗的 30% ~ 70%，残端损失占 5% ~ 20%，电极折断损失占 3% ~ 10%。可见，端部消耗和侧面氧化最重要。采用电极喷淋冷却后，侧面氧化大幅度降低。表 5-4 给出了电极各部分消耗原因与影响因素。

表 5-4　影响石墨电极消耗的主要因素

消耗类型	电极消耗原因	影 响 因 素
端部消耗	电弧柱高温和温差引起的端部热剥落	电弧电流、端部直径和电极性能，综合为端部电流密度
	电极端石墨的升华	
	化学磨蚀（钢水、熔渣的冲刷和溶解）	端部直径、钢水和熔渣成分
侧面氧化	侧面氧化反应	电弧区气体成分、流速、温度；电极表面温度；电极表面积
电极折断	机械作用造成。常见折断部位有：电极上端接头处螺母孔底部断面；接头折断（常见于接头上端和下端的端面及接头中心断面）	电极质量；塌料；装料、熔化操作不当；电磁力；热应力；电弧区熔渣、钢水和气体的温差引起的热冲击

电极消耗在电炉钢生产成本中占 8% ~ 10%，电极吨钢消耗的水平为 4~9kg。电极消耗的主要原因是折断、氧化、炉渣和炉气的侵蚀以及在电弧作用下的剥落和升华。为了降低电极消耗，主要应提高电极本身质量与加工质量，缩短冶炼时间，防止因设备和操作不当所造成的各种事故。降低电极消耗的具体措施有以下几种。

（1）减少由机械外力和电磁力引起电极折断和破损。避免因搬运、炉内塌料和操作不当引起的直接碰撞而损伤电极。避免电磁力引起电极与电极夹头之间的松动产生微电弧造成电极损坏或脱落折断。

（2）电极应存放在干燥处，严防受潮。受潮电极在高温下易掉块和剥落。

（3）减少电极接头的电损失。接电极时去净上下电极端面、丝孔以及连接螺丝的灰尘，并用力拧紧。有的厂在电极连接端头打入电极销子加以固定。有的电极销子采用表面镀铜，具有导电好、电阻小、销子周围不起弧的优点。有的厂在电极接头丝扣内的上下端面放置接头膏，接头膏做成圆形薄片，材质为石墨基料加黏结剂，接头膏在高温熔化后充填丝扣缝隙，也可防止退丝松动。

（4）减少电极周界的氧化消耗。电极周界（侧面）的氧化消耗占总消耗的 55% ~ 57%。石墨电极从 550℃ 开始氧化，在 750℃ 以上急剧氧化。减少周界氧化消耗的措施是：加强炉子的密封性，减少空气侵入炉内，如紧闭炉门，减少炉门开启时间，减少电极孔缝隙；缩短高温精炼时间，出钢后严禁赤热电极长期暴露在炉外冷空气中；在电极周界表面采用涂层保护。

要求电极涂层在高温下不易氧化，并且能与电极黏附良好。电极涂层有导电涂层和非导电涂层两种类型。导电涂层是在电极周界表面上喷涂两种或两种以上的金属，如铁和铝或镍和铝做保护层，有的还喷涂含 $w(Al) = 70\%$、$w(Si) = 20\%$、$w(Cr) = 10\%$ 的涂料，这种涂层还可以增加电极的导电率。非导电涂层是在电极周界表面上喷涂或刷涂一层陶瓷涂料。这种涂料是以碳化硅为基料，用水玻璃作黏结剂，有少部分焦油和铝粉。也有的非导电涂层是由一些耐火度较高的氧化物组成。由于涂层不导电，应留出与电极夹头接触的地方。

采用电极涂层可以明显降低电极消耗。采用铝基涂料，电耗降低 20% ~ 25%；采用硅胶基涂料，电极消耗降低 17% ~ 25%；采用碳化物基涂料，电极消耗降低 10% ~ 25%；采用铁合金基涂料，电极消耗降低 20% ~ 30%。

将电极浸入硼酸液、磷酸镁液、四硼酸盐氯化物中，在真空下浸渍加热到 125 ~ 130℃，然后将电极在 140 ~ 150℃ 下干燥后，用于炼钢，效果很好。如直径为 350mm 的电极浸渍后，电极密度提高 2.9%，氧化度下降 51.8%。总消耗下降 30% ~ 50%。

采用喷淋电极也可减少电极周界氧化消耗。最近几年，电炉炼钢为了降低电极消耗，一些钢厂实行了电极侧壁喷淋冷却技术。该冷却系统的结构是由固定在电极卡头下面的水环和固定在电极水冷密封圈上内侧的风环以及计控仪表等组成，如图 5-25 所示。当冷却水直接与石墨电极接触后，在电极表面形成了均匀的水膜，在降低电极温度的同时，又能减少侧壁的氧化，从而降低了电极消耗。生产实践已经证明，电极喷淋冷却技术，结构简单、投资少；操作方便、易于维修，可节约电极 20%，且使炉盖中心部位耐火材料的寿命提高 3 倍。

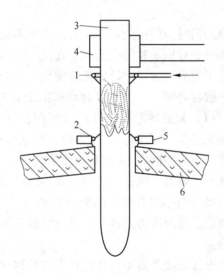

图 5-25 水淋式电极

1—水环；2—风环；3—石墨电极；4—电极；

5—电极水冷密封圈；6—炉盖

（5）降低电极端部的消耗。电极端部消耗约占总电极消耗的 15% ~ 25%。当电弧连续燃烧时，电极端部的温度可高达 3800 ~ 4000℃ 以上，这个温度对电极端部不仅氧化十分剧烈，大约在 2300℃ 以上显著升华。电极端部的消耗与电弧电流、电弧长度、炉渣成分有关。一般规律是采用长电弧、高碱度，低 FeO，薄渣层有利降低电解端部消耗。

（6）提高电极调整器自动升降的灵敏度（4 ~ 7m/min）。也有利于降低电极消耗。

（7）强化管理，严格执行配电、配料、装料等关键操作制度，以减少非正常消耗。

目前国内外提高电极质量的方向，一种是研制高密度（ > 1630kg/m³）的石墨电极，这种电极的导电能力大。另一种是研制纤维状石墨电极（针状沥青为原料），电极的结晶组织具有方向性。其导电性（28 ~ 30A/cm²）、热传导性、抗氧化性，强度等性能都优于同等断面的普通功率电极，这种电极对发展大型电炉和超高功率电炉有很大意义。

5.3.1.6 电弧

电弧是气体放电（导电）现象的一种形态。气体放电的形式，按气体放电时产生能见度的光辉亮度不同可分为三种：无声放电（弱），辉光放电（明亮），电弧放电（炫目）。

电弧炉就是利用电弧产生的高温熔炼金属的。从电炉操作的表观现象看，合闸后，首先使电极与钢铁料做瞬间接触，而后拉开一定距离，电弧便开始燃烧起弧。实质上，当两极（电极与钢料）接触时，会产生非常大的短路电流（2~4 倍的额定电流），在接触处由于焦耳热而产生赤热点，于是在阴极将有电子逸出。当两极拉开一定距离后（形成气隙），极间就是一个电场（存在一个电位差）。在电场作用下，电子向阳极加速运动，在运动过程中与气体分子、原子碰撞，使气体发生电离。这些电子与新产生的离子、电子在电场中做定向加速运动的过程，又使另外的气体电离。这样电极间隙中的带电质点数目会突然增加，并快速向两极移动，气体导电形成电弧。电流方向由正极流向负极。

在气体电离和电弧燃烧的同时，两极间还存在着消去电离的过程，即正离子和自由电子碰撞复合形成中性的气体分子或原子和带电质点，在温度、压力梯度作用下向四周空间的扩散，这个过程使电弧趋于熄灭。为了保持电弧稳定而持续的燃烧，单位时间内进入电弧的电子数目和形成的离子数目必须大于由于复合和扩散所丧失的电荷数目。由此可见，电弧产生过程大致分四步：（1）短路热电子放出；（2）两极分开形成气隙；（3）电子加速运动气体电离；（4）带电质点定向运动，气体导电，形成电弧。这一过程是瞬间完成的，电极与钢铁料交换极性，电流方向以 50 次/s 改变方向。

电弧是气体导电。当电弧燃烧时，电弧电流便在弧体周围的空间建立磁场，弧体则处于磁场的包围之中，受到磁场力的作用沿轴向产生一个径向压力，并由外向内逐渐增大。这种现象称为电弧的压缩效应。径向压力将推开渣液使电弧下的金属液呈现弯月面状，从而加速钢液搅动和传热过程。

在三相电弧炉中，三个电弧轴线各自不同程度地向着炉衬这一侧偏斜。这种现象称为电弧外偏或电弧外吹，其原因是一相的电弧受到其他两相电弧所建立的磁场的作用。另外，电弧一侧存在着铁磁物质。例如靠二相的一侧是电极升降机构等钢结构，因而第二相的电弧向炉壁偏离较大。

电弧的压缩效应和外偏现象，改变了电极下的金属液面形状，加强了钢液和炉渣的搅动，弯月形钢液面直接从电弧吸热的比例因而增大，加速了熔池的传热过程。电弧的压缩效应和外偏现象称为电弧的电动效应。电弧电流越大，电弧的电动效应也越显著。

正确应用交流电弧特性有利于冶炼过程的进行。通电起弧初期在电极下的金属炉料上放上几块炭质材料有利于起弧燃烧；碱性炉渣的电子发射能力优于钢液，所以提前造好初期渣对稳定电弧也是十分必要的。通电初期串接电抗器（电抗线圈）有利于电弧稳定和限制短路电流，当电弧基本稳定取消电抗器则有利提高输入炉内功率。电弧电动效应有利于冶炼过程的一面，也有不利的一面，例如电弧外偏加剧了炉衬的侵蚀损坏，尤以正对二相电极的炉壁侵蚀最为严重。电弧的压缩效应和外偏现象使电极下的液面呈弯月形，但钢液对挥发的电极材料吸收也越容易，如炼超低碳不锈钢，电极易于使钢液增碳。

5.3.2 电弧炉电控设备

电弧炉电控设备包括高低压控制系统及其相应的台柜、电极自动调节器等。

5.3.2.1 低压控制系统及其台柜

电炉的低压控制系统由低压开关柜、基础自动化控制系统（含电极自动调节系统）、人机接口相应网络组成。

低压开关柜系统主要由低压电源柜、PLC 柜及电炉操作台柜等组成。电炉操作台上安装有控制电极升降的手动、自动开关，炉盖提升旋转、电炉倾动及炉门、出钢口等炉体操作开关，低压仪表和信号装置等。

5.3.2.2 高压控制系统及其台柜

高压控制系统的基本功能是接通或断开主回路及对主回路进行必要的保护和计量。

一般电炉的高压控制系统由高压进线柜（高压隔离开关、熔断器及电压互感器）、真空开关柜（真空断路器及电流互感器）、过电压保护柜（氧化锌避雷器组及阻容吸收器）三面高压柜，以及置于变压器室墙上的高压隔离开关（带接地开关）组成。

高压控制柜上装有隔离开关手柄、真空断路器、电抗器及变压器的开关、高压仪表和信号装置等。高压控制系统所计量的主要技术参数有：高压侧电压、高压侧电流、功率因素、有功功率、有功电度及无功电度。

5.3.2.3 电极自动调节器

电极自动调节系统包括电极升降机构与电极自动调节器，重点是后者。电弧炉对调节器的要求：(1) 要有高灵敏度，不灵敏区不大于 8%；(2) 惯性要小，速度由 0 升至最大的 90% 时，需要时间 $t \leq 0.3s$，反之 $t \leq 0.2s$；(3) 调整精度要高，误差不大于 5%。

电极升降自动调节系统由测量、放大、操作等基本元件组成。测量元件测出电流和电压大小并与规定值进行比较，然后将结果传给放大元件，在放大元件中将信号放大。动作元件接到放大的信号后启动升降机构，以自动调节电极。

按电极升降机构驱动方式的不同，电极升降调节器可以分为机电式调节器和液压式调节器两种。通常前者用于容量 20t 以下的电弧炉，后者用于 30t 以上的电弧炉。

机电式电极升降调节器类型有：电机放大机-直流电动机式，晶闸管-直流电动机式，晶闸管-转差离合器式，晶闸管-交流力矩电机式和交流变频调速式等。目前应用的主要是后两种及微机控制产品。

液压式调节器按控制部分的不同分为：模拟调节器、微机调节器和 PLC 调节器三种形式，前两种已经逐渐被 PLC 调节器取代，目前电炉基本上都是采用 PLC 控制。

A 电液随动阀-液压传动式调节器

电液随动控制系统的工作原理如图 5-26 所示。电弧电流偏差时，电气控制系统将测量比较环节传来的偏差信号放大后，输给驱动磁铁，驱动磁铁根据偏差信号使随动阀的阀芯向上或向下移动。阀芯的移动控制着阀体的进液量和回液量，从而使液压缸高压液体增加或减少，增加时，立柱向上提升电极；减少时，依电极和立柱的自重使电极下降。当电弧正常工作时，测量环节无信号输出，随动阀的阀芯处于中间位置，电极不动。

这种调节系统同时具有电气系统和液压系统的优点，比其他的电极自动调节系统具有更高灵敏度，其升降速度更快，输出功率也大。

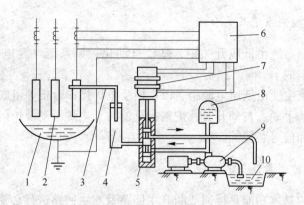

图 5-26　电液随动系统工作原理示意图

1—熔池；2—电极；3—电极升降装置；4—液压缸；5—随动阀；6—电气控制系统；
7—驱动磁铁；8—压力罐；9—液压泵；10—储液池

B　微机控制系统

随着计算机技术的不断开发和应用，电弧炉电极自动调节技术也取得了新成果。图5-27 是电弧炉微机控制变频调速电极自动控制系统，包括三个单元：（1）拖动电极升降的执行元件，标准系列鼠笼形交流电动机；（2）给交流电动机供电的微机控制变频装置；（3）自动调节器，由微机调节器和电子调节器构成，两台机器具有相同的控制功能，互为备用。

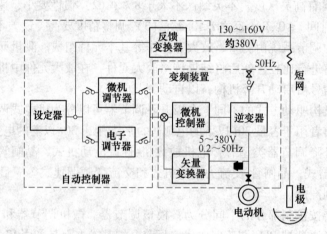

图 5-27　电弧炉微机控制交流电动机变频无级调速
自动控制系统单相简化原理框图

自动控制调节器采集三相电弧电流和短网电压作为反馈控制信号，按照冶炼工艺要求设计控制程序，根据各冶炼期的不同设定值进行程序运算，输出频率给定信号和电动机运转指令信号，独立地分相自动控制 3 台电动机拖动 3 根电极调节其与炉料之间的距离，实现系统恒流控制。该系统是一个直接数字控制、数字设定、数字显示、数字保护的交流电动机变频调速系统，具有故障少、控制精度高、结构紧凑、性能优越等优点。

随着人工智能技术的应用和发展，出现了智能电弧炉，实现了将人工智能技术应用于改善电极电流工作点的设定和控制。近年来，也有用可编程序控制器 PLC 作为电极调节器控制单元的，使用效果也很好。

5.4 电炉的电气特性

电炉的电气特性主要是研究在某一电压下，电炉的各个电气量值随电弧电流变化的规律性，而电气特性是制定电炉供电制度的基础。

5.4.1 电炉等值电路

为了便于问题的分析，可将电炉主电路图简化为三相电原理图。再从电路的角度，把三相电原理图中的电抗器、变压器与短网等用一定的电阻和电抗来表示。而把每相电弧看成一可变电阻，三个电弧对变压器构成 Y 形接法的三相负载，中点是金属。经过一定方法处理（折算），可得到电炉三相等值电路图，如图 5-28 所示。当电炉三相等值电路的三相为对称负载时，即三相电压、电流及电弧电阻相等，可以用单相等值电路来表示三相等值电路，如图 5-29 所示。

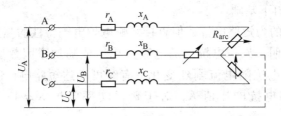

图 5-28　电炉三相等值电路图

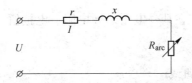

图 5-29　电炉单相等值电路图

U—单相等值电路的相电压，$U = U_2/\sqrt{3}$；U_2—变压器二次侧电压；

I—电弧电流，$I = I_2$；I_2—变压器二次侧线电流；

r—单相等值电路电阻，$r = r_变 + r_网 + r_抗$；

x—单相等值电路电抗，$x = x_变 + x_网 + x_抗$；R_{arc}—电弧电阻

5.4.2 电炉回路阻抗的确定

为了研究电炉的电气特性，制定出合理的供电制度，首先要确定电炉回路的电参数：电阻、电抗，即单相等值电路中的电阻、电抗值，其确定方法有以下三种。

（1）工程计算法。采用工程计算方法对电炉短网进行计算，设计新型电炉短网结构，计算出电炉回路中的电阻、电抗。该方法因电炉设备及其短网的复杂性，使得计算结果有

一定误差，尤其对于电抗的计算，但可用于指导、修改设计，并给出电炉的电气特性、指导供电制度的制定。

（2）短网物理模拟法。应该说短网物理模拟法是确定短网电参数的比较准确的方法。该方法的实质是利用研究原物的模型来代替研究真实对象，进行短网模拟试验研究，预测已运行的电炉或正在设计的电炉短网的电阻、电抗。该方法是利用物理学的相似原理，提高电源频率而缩小短网模型尺寸，因而需要一中频电源、按比例缩小短网模型及仪表测量系统。该方法虽然整套短网模拟试验设备较复杂，但短网模型比较简单，因而适合不同容量电炉短网的模拟试验研究。虽然其结果有一定误差，但对于指导电炉短网的改造及修改设计很有意义，尤其对于电炉的电气特性的研究及指导供电制度的制定很有帮助。

（3）短路试验法。对已运行的电炉进行工业短路试验及测试，测算电炉回路的和短网的电阻、电抗值，以及三相阻抗不平衡系数。该方法是在炉料熔清后，在变压器最低档电压，并接入电抗器（有条件的话），利用手动控制电极，通过一次次将电极插入到钢液中进行短路试验，分别记录下各相电流、电压及功率值，然后计算出各相电阻、电抗值及三相阻抗不平衡系数。其结果为指导电炉短网的改造，进行电炉的电气特性的研究，以及制定合理的供电制度打下基础。

用上述方法确定的为短路电抗，但直接影响电炉电气特性的是操作电抗。对操作电抗进行大量的研究表明，操作电抗是随电流变化（或随功率因数变化）的，尤其是在电炉的熔化初期操作电抗随电流剧烈变化，有时可高达短路电抗的两倍。早期的观点是，操作电抗与短路电抗的比值 K，对于普通功率电炉 $K=1$；对于超高功率电炉 $K=1.1 \sim 1.3$。

5.4.3 电炉的电气特性

电炉的电气特性主要研究在某一电压下（电阻、电抗值一定），电炉的各个电气量值随电流变化的规律性。

5.4.3.1 电炉电气特性曲线

由图 5-29 单相等值电路可以看出它是一个由电阻、电抗和电弧电阻三者串联的电路。按此电路，根据交流电路定律可以做出阻抗三角形、电压三角形和功率三角形，如图 5-30 所示。

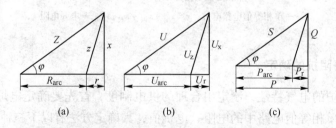

(a)   (b)   (c)

图 5-30 阻抗、电压和功率三角形

(a) 阻抗三角形；(b) 电压三角形；(c) 功率三角形

由图 5-30 可写出表示电路各有关电气量值表达式，见表 5-5。

表 5-5　电炉电路各有关电气量值表达式

序号	参　　数	量　　纲	符号及计算公式	备　注
(1)	相电压	V	$U = U_2/\sqrt{3}$	
(2)	二次电压	V	U_2	
(3)	总阻抗	MΩ	$Z = \sqrt{(r + R_{arc})^2 + x^2}$	
(4)	电弧电流	kA	$I = U/Z = U/\sqrt{(r + R_{arc})^2 + x^2}$	
(5)	表观功率	kV·A	$S = 3IU = \sqrt{3}IU_2 = 3I^2Z$	三相
(6)	无功功率	kW	$Q = 3I^2x$	三相
(7)	有功功率	kW	$P = \sqrt{S^2 - Q^2} = 3I\sqrt{U^2 - (Ix)^2}$	三相
(8)	电损失功率	kW	$P_r = P - P_{arc} = 3I^2r$	三相
(9)	电弧功率	kW	$P_{arc} = 3IU_{arc} = 3I(\sqrt{U^2 - (Ix)^2} - Ir) = 3I^2R_{arc}$	三相
(10)	电弧电压	V	$U_{arc}P_{arc} = P_{arc}/3I = (\sqrt{U^2 - (Ix)^2} - Ir)$	
(11)	电效率	%	$\eta = P_{arc}/P$	
(12)	功率因数	%	$\cos\varphi = P/S$	
(13)	耐材磨损指数	MW·V/m²	$R_E = P'_{arc}U/d^2 = U_{arc}I/d^2$	

注：P'_{arc} 为单相电弧功率。

由表 5-5 中式（5）～式（13）可以看出，上述各电气量值，在某一电压下（x、r 一定）均为电流 I 的函数，即 $E = f(I)$。故可将它们表示在同一个坐标系中，如图 5-31 所示。图 5-31 的横坐标为电流，纵坐标为各电气量值，这样便得到理论电气特性曲线。

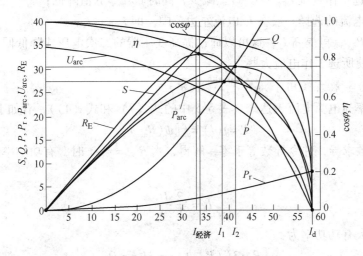

图 5-31　电炉的理论电气特性曲线

5.4.3.2　用电规范的讨论

为了加深对电气特性曲线的认识及为确定供电制度打基础，下面对特性曲线上几个特殊点进行分析、讨论。由电气特性曲线上可以看出几个特殊点（从左至右）如下。

A　空载（用下角标"0"表示）

这相当于电极抬起成"开路"状态，没有电弧产生，此时，

$$R_{arc} \longrightarrow \infty, I_0 = 0, P_0 = 0$$

讨论：虽然 $U_{arc} = U$，$\cos\varphi = \eta = 1$，但因无任何热量放出，故此规范无任何意义。

B　电弧功率最大（用下角标"1"表示）

电弧功率是进入炉内的热源，研究此点规范很有意义。另外，观察特性曲线中电弧功率随电流的变化规律，可以看出：在电流较小时电弧功率随电流增长较快，当电流增加到较大区域内时，电弧功率增加变化缓慢，继续增加电流时，电弧功率降低。这就是有的电炉采取大电流超负荷供电，熔化时间没有缩短、电耗却大大增加的原因。

由电弧功率与电弧电流表达式（表5-5中的式（9）、式（4）），有如下函数关系：

$$P_{arc} = f(I) = f[\psi(R_{arc})]$$

对复合函数求导，并令导数等于零，解得当 $R_{arc} = \sqrt{r^2 + x^2} = z$，即当电弧电阻等于内电路阻抗 z 时，电弧功率有最大值，将此式代入表5-5中的式（4）中得此时电弧电流为：

$$I_1 = \frac{U}{\sqrt{(r + \sqrt{r^2 + x^2})^2 + x^2}} = \frac{U}{\sqrt{2x(r+z)}}$$

对应的最大电弧功率为：

$$P_{arc} = 3I_1^2 R_{arc} = \frac{3}{2} \frac{U^2}{(r+z)}$$

讨论：

（1）电流 I_1 对应的电弧功率最大，此点对应的 $\cos\varphi$、η 比较理想（均大于0.8以上）；

（2）当所选工作电流 $I_{工作} > I_1$，P_{arc} 减少，同时 $\cos\varphi$、η 值降低；

（3）工作电流的选择一般在 I_1 电流左边范围，即 $I_{工作} \leq I_1$；

为了提高 P_{arc}，可提高 I_1，这可以通过提高变压器的二次电压或降低回路的电抗与电阻，从而可以使所选工作电流大些。

C　有功功率最大（用下角标"2"表示）

由有功功率与电弧电流表达式（表5-5中的式（7）和式（4）），有如下函数关系：

$$P = f(I) = f[\psi(R_{arc})]$$

对复合函数求导，并令导数等于零，解得，当 $R_{arc} = x - r$ 时，有功功率有最大值，此时电弧电流为：

$$I_2 = \frac{\sqrt{2}}{2} \frac{U}{x}$$

对应的最大有功功率为：

$$P = 3I_2^2 (R_{arc} + r) = 3I_2^2 x = Q$$

讨论：

（1）只有满足 $R_{arc} = x - r > 0$，即 $x > r$，才能出现有功功率最大值；

（2）U 与 I 相位差为 $\varphi = 45°$，$\cos\varphi = 0.707$，为一常数。此时有功功率与无功功率相等；

（3）比较 $I_2/I_1 = f(x/r)$，即 $I_2 > I_1$ 总是在 I_1 的右边，而选择 $I_{工作}$ 时，主要考虑 I_1 就

可以了。

D　短路（用下角标"d"表示）

这相当于石墨电极与金属料接触或插入钢水中，即发生短路，此时，$R_{arc}=0$，短路电流为：

$$I_d = \frac{U}{\sqrt{r^2+x^2}} = \frac{U}{z}$$

讨论：

（1）因为 $R_{arc}=0$，$P_{arc}=0$，所以 $P=P_r=3I^2r$，此时有功功率与电损失功率相等，即有功功率全部消耗在装置电阻上，炉内无热量输入；

（2）$P_{arc}=0$，$\eta=0$，但 $\cos\varphi\neq0$；

（3）$R_{arc}=0$，使短路电流很大，$I_d/I_n \geqslant 2\sim3$，极易损坏电器，故要求短路电流要小、短路时间要短。

短路分为人为短路与操作短路。人为短路，如送电点弧，短路的目的是要起弧，这要求时间短，即做瞬间短路；短路试验要求电极插入钢水中，为避免短路损坏电器，试验中采用最低档电压，使短路电流尽量小些，且短路时间尽量短。而操作短路应加以限制，通过提高电路的电抗可以限制短路电流，同时使电弧燃烧连续稳定。

E　耐火材料磨损指数最大（用下角标"re"表示）

耐火材料磨损指数是衡量电弧对炉壁耐火材料的辐射、破坏程度的指标，从表5-5的式（13）看出它也是电流的函数，可以把它同其他电气量值放在同一坐标系中。观察图5-31电气特性曲线可以看出，耐火材料磨损指数受电流影响很大：在电流较小时耐火材料磨损指数随电流增长较快；继续增加电流时，耐火材料磨损指数有最大值，此时电弧有可能对炉衬构成严重破坏。因此，在制定供电制度时必须考虑耐火材料磨损指数的影响。

由耐火材料磨损指数与电弧电流表达式（表5-5中的式（13）、式（4）），有如下函数关系：

$$R_E = f(I) = f[\psi(R_{arc})]$$

用以上类似的数学分析方法可求出，当 $R_{arc}=(r+\sqrt{9r^2+8x^2})/2$ 时，耐火材料磨损指数有最大值，此时电流为：

$$I_{re} = \frac{U}{\sqrt{(1.5r+0.5\sqrt{9r^2+8x^2})^2+x^2}}$$

对应的最大耐火材料磨损指数为：

$$R_E = \frac{U_{arc}^2 I_{re}}{d^2} = \frac{I_{re}^3 R_{arc}^2}{d^2}$$

式中　d——电极侧部至炉壁衬最短距离，m。

5.5　电炉供电制度的确定

现代电炉采用超高功率、强化用氧、泡沫渣埋弧及高电压供电等相关技术，实现了高效节能，使得电炉供电制度的制定与传统方法发生了很大变化。在一定的设备条件下，供电制度合理与否，不但影响冶炼过程，还影响炉衬寿命、冶炼时间、电能消耗以及设备利用等。

供电制度是指某一特定的电炉，当能量供给制度确定之后，在确定的某一电压下工作电流的选择。合理的供电制度是以保证设备不被破坏、保证炉衬使用寿命及保证冶炼过程顺利为前提，以实现快速熔化及升温、高效节电为目的。

从供电曲线表面上看，当能量供给制度确定之后，供电制度实际上就变成了在某一电压下，工作电流的确定。在传统的确定方法中，最重要的是遵守电气特性所表达的规律性，即以"经济电流"概念来确定工作电流，其确定方法也适用超高功率电炉。

5.5.1　合理供电制度的确定

5.5.1.1　确定能量供给制度

确定电炉冶炼过程各阶段（起弧期、穿井期、电极回升期、熔清期、氧化期）需要的能量（电能、化学能），给出时间-功率曲线。

5.5.1.2　确定二次电压

考虑到冶炼过程各阶段电弧的状况不同（稳定性、电弧被遮蔽），二次电压确定原则如下。

（1）起弧期，电弧不稳定且弧光靠近炉盖，要考虑保护炉盖采用较低电压、较小电流。

（2）穿井期，电弧不稳定，要考虑保护炉底，采用较大电压、较大电流。

（3）电极回升期，电弧稳定、埋弧、热效率高，采用最高电压、大电流。

（4）熔清期，电弧部分暴露，要考虑保护炉壁渣线热点区采用低电压、大电流；如能实现泡沫渣埋弧操作，仍然可以采用高电压、大电流。

（5）氧化前期，电弧部分遮蔽，要考虑保护炉壁渣线采用低电压、大电流；如能实现泡沫渣埋弧操作，仍然可以采用高电压、大电流。

（6）还原期，电弧完全暴露，要考虑保护炉衬采用更低电压、较小电流。

二次电压的大小与电弧长度的关系可由下式判定：

$$H_{SorS} \geqslant L_{arc} = \frac{U_{arc} - \alpha}{\beta}$$

$$U_{arc} = \sqrt{\frac{U_2^2}{3} - (Ix)^2} - Ir$$

式中　H_{SorS}——炉渣厚度或废钢高度，m，用来衡量对电弧的遮蔽程度；

$\quad\quad L_{arc}$——电弧长度，mm；

$\quad\quad U_{arc}$——电弧电压，V；

$\quad\quad U_2$——二次电压，V；

$\quad\quad \alpha$——电弧的阴极区与阳极区压降之和，常取 40V；

$\quad\quad \beta$——弧柱电位梯度，V/mm；该值与电极材质、炉子气氛、起弧表面的材质及状态、冶炼阶段等有关，在废钢熔化期变化较大，取 $\beta = 2 \sim 4$V/mm；在形成熔池后，尤其是平熔池期，取此时电弧长度：$L_{arc} = U_{arc} - 40$。

这就是简单而常用的弧长与电弧电压表达式，电弧电压越高（二次电压越高），电弧就越长。

5.5.1.3 确定合理工作电流

A 经济电流的确定

观察电气特性曲线（图 5-31）可以发现：在电流较小时电弧功率随电流增长较快（即 dP_{arc}/dI 变化率大），而电损失功率随电流增长缓慢（即 dP_r/dI 变化率小）；当电流增加到较大区域内时，情况恰好相反。这说明在特性曲线上有一点（电流）能使电弧功率与电损失功率随电流的变化率相等，即 $dP_{arc}/dI = dP_r/dI$，该点对应的电流叫"经济电流"，用 $I_{经济}$ 表示。

因为电流小于 $I_{经济}$ 时，电弧功率小，熔化慢；大于 $I_{经济}$ 时，电弧功率增加不多，电损失功率增加不少，故 $I_{经济}$ 得名"经济电流"。另外，在 $I_{经济}$ 附近的 $\cos\varphi$、η 也比较理想。

由电弧功率、电损失功率及电弧电流表达式（表 5-5 中的式（9）、式（8）及式（4）），有函数关系：

$$P_{arc} \text{ 或 } P_r = f(I) = f\left[\psi(R_{arc})\right]$$

P_{arc}、P_r 分别对 R_{arc} 求复合函数的导数，并联立求解得：$R_{arc} = r + \sqrt{4r^2 + x^2}$，此时对应的电流，即为经济电流 $I_{经济}$：

$$I_{经济} = \frac{U}{\sqrt{\left(2r + \sqrt{4r^2 + x^2}\right)^2 + x^2}}$$

将 $I_{经济}/I_1$ 同除以 r 可得：$I_{经济}/I_1 = f(x/r) < 1$，即 $I_{经济}$ 在 I_1 的左边，此时 $\cos\varphi$、η 仅与 x/r 有关。

讨论：

（1）$I_{经济} < I_1$，只有当 x/r 很大时，$I_{经济}$ 才接近 I_1；

（2）实际设计中，$x/r = 3 \sim 5$，按图 5-31 对应 $\cos\varphi = 0.83 \sim 0.88$，$\eta = 0.82 \sim 0.86$，而 $I_{经济}/I_1 = 0.81 \sim 0.89$，应该说比较理想，这比 I_1 时还要好。

B 工作电流的确定

$I_{经济}$ 的求出似乎就给出了工作电流，即 $I_{工作} \leqslant I_{经济} = (0.8 \sim 0.9)I_1$。

但若将耐火材料磨损指数也表示在图 5-31 的电气特性曲线中，可以看出，$I_{工作} \leqslant I_{经济}$ 恰好在 R_E 最大值附近。

对于小型普通功率电炉，R_E 较低，$R_E < 400\text{MW} \cdot \text{V/m}^2$。一般 $R_E < 400 \sim 500\text{MW} \cdot \text{V/m}^2$ 为安全值，此时电弧对炉衬热点损耗不剧烈。

但对于大型超高功率电炉功率水平大幅度提高，炉壁热点磨损极为严重，R_E 的峰值将大于 $800\text{MW} \cdot \text{V/m}^2$，此时工作电流的选择必须避开 R_E 峰值（这也是超高功率电炉投入初期，为什么采取低电压、大电流的原因），所选的工作电流不再是在 I_1 左面接近 $I_{经济}$ 的区域，而是接近 I_1 或超过 I_1。此种情况，P_{arc} 增加了，虽然 P_r 有所增加，$\cos\varphi$ 略有降低，但由于低电压、大电流电弧的状态发生了变化，成为"粗短弧"使电炉传热效率提高，更主要是炉衬寿命得到保证（R_E 减小）。

当采用泡沫渣时，可实现埋弧操作，以及主熔化期电弧被废钢遮蔽，此时不用顾及 R_E 的影响，而采用高电压、小电流的细长弧供电（操作），那么确定工作电流的原则不变，仍为 $I_{工作} \leq I_{经济} < I_1$。

当然 $I_{工作} \leq I_{经济}$ 是有条件的，不能一味地追求，还必须考虑变压器工作电流允许值，即设备允许的最大工作电流 I_{max}。在电炉变压器选择正确时，应能保证 I_{max} 接近 $I_{经济}$，否则将出现以下情况均对设备不利：

(1) $I_{max} \gg I_{经济}$，说明变压器选大了（电流高了），因为受经济电流概念要求：$I_{max} \leq I_{经济}$，使得变压器能力得不到充分的发挥，否则工作点不合理；

(2) $I_{max} \ll I_{经济}$，说明变压器选小了（电流小了），因为若满足经济电流确定原则：$I_{max} \leq I_{经济}$，使得变压器长时间超载运行，这些对设备都是不利的，也是不经济的。

考虑诸因素，工作电流选择原则为：$I_{工作} \leq I_{max} \leq I_{经济} < I_1$。

到此为止制定供电制度就变得简单了，即当能量供给制度确定之后，根据工艺、设备及炉料等，选择各阶段电压，再根据工作电流确定原则来选择工作电流。

5.5.2　高阻抗电炉供电制度

按以上基础，并遵守高阻抗电炉供电制度的操作原则："高阻抗-高电压-埋弧"，即要发挥高阻抗电炉的作用采用高阻抗，就必须用高电压（电流才能小下来），电压高了弧就长，就必须埋弧以保护炉衬，尤其是炉壁渣线热点区的炉衬。其中埋弧是高阻抗供电的必要条件，高电压是高阻抗供电的充分条件。

也就是说，只要能埋弧（或电弧不直接对炉壁渣线热点区辐射造成严重破坏）就可以采用高阻抗、高电压，就能带来明显的效果，而且高阻抗、高电压采用的时间越长效果越好，这也包括在废钢熔化阶段。

5.5.3　供电制度合理性的保障

供电制度合理性的保障有以下几点。

(1) 强化炉料条件及装料操作。供电制度实施最基本的条件是炉料条件及装料操作，如：废铜料长、料重及成分要合适，而且要稳定；大、中、小，重、轻、薄要搭配，轻薄料有条件要进行打包，而且布置要合理；装料操作要合理，努力实现"零压料"操作（宁多装一次料，也不进行压料），使得每次装料热停工时间控制在 2~3min 内。

(2) 必须实现有载调压。现代高效电炉要求变压器必须有载调压，才能在电炉冶炼过程的各个阶段根据不同的炉况进行合理的供电，否则，增加调压的热停工时间及增加炉子热损失，使得冶炼周期延长、电耗增加。对于装三次料的电炉，无载与有载调压相比将增加热停工时间 10min 以上。

(3) 强化供氧操作。强化供氧增加化学能，替代大部分电能。吹氧时机、吹氧方式、吹氧强度及吹氧量影响冶炼过程的能量供给，影响供电制度操作及其效果。因此，在制定合理供电制度时必须考虑这些因素，如：采取氧-燃烧嘴，实现废钢的同步熔化，大大地缩短了熔化期、提高钢液的升温速度；高碳钢液的脱碳，受吹氧强度的影响，脱碳速度上不去时将延长脱碳时间；吹氧量增加而替代大部分电能，改善能量供给，要提供与之相适应的供电制度。

（4）泡沫渣埋弧操作。二次电压的确定，要考虑电弧的遮蔽状况，遮蔽就采用高电压，没有遮蔽就采用低电压。由于高电压操作的优越性及埋弧操作的优越性（改善传热条件、提高热效率），使得电炉泡沫渣埋弧操作成为必然。

高阻抗电炉的开发，主要是由于电炉泡沫渣埋弧操作的实现，但高阻抗、高电压操作是以电弧的遮蔽为前提的，不完全受泡沫渣埋弧与否的限制。

（5）改革工艺制度。熔-氧合一、全程泡沫渣操作是实现高阻抗、高电压供电操作的充分条件，可最大限度地降低电耗及电极消耗。

（6）减少热停工时间。提高机械化及自动化水平，提高现场管理及操作水平，努力减少热停工时间，充分发挥合理供电制度的作用，提高企业的综合效益。

5.6　电炉炼钢排烟与除尘

电炉冶炼一般分为熔化期、氧化期和还原期，对于具备炉外精炼装置的高功率和超高功率电炉则无还原期。熔化期主要是炉料中的油脂类可燃物质的燃烧、吹氧助熔和金属物质在电极通电达高温时的熔化过程，此时有黑褐色烟气产生；氧化期强化脱碳，由于吹氧或加矿石而产生大量赤褐色浓烟；还原期主要是去除钢中的氧和硫，调整化学成分而投入炭粉等造渣材料，产生白色和黑色烟气。其中，氧化期产生的烟气量最大，含尘浓度和烟气温度最高。

5.6.1　电炉炼钢车间烟气特点

电炉炼钢车间产生的烟气等有害物具有以下特点。

（1）烟尘排放量大：车间各生产工段均会产生较大的烟尘，特别是电炉炼钢时的废钢加料和电炉的氧化期阶段，烟尘排放量很大，从电炉炉口（交流电炉第4孔、直流电炉第2孔）排出的烟气含尘浓度高达（标态）$30g/m^3$。

（2）粉尘细而黏：电炉炉口排出的粉尘粒径相当小，粒径小于$10\mu m$的粉尘在80%以上。废钢中含有油脂类以及炼钢时所采用的含油烧嘴等，都将使炼钢产生的粉尘黏性较大而不易除去。

（3）极高的烟气温度：从电炉炉口排出的含尘烟气，温度达$1200 \sim 1600℃$，需要对高温烟气进行强制冷却或采用混风冷却方法。

（4）烟气中含有煤气：从电炉第4孔（或第2孔）排出的烟气中含有少量的煤气，为保证除尘系统的安全可靠运行，一般设置燃烧室等装置，保证燃烧室出口烟气中的煤气含量低于2%。

（5）强噪声和辐射：电炉炼钢特别是超高功率的电炉冶炼，产生的强噪声高达115dB（A）以上，并伴有强烈的弧光和辐射。采用电炉密闭罩，不但可以降低罩外工作平台的噪声和电弧光辐射，而且可以提高烟气的捕集效率。

（6）白烟和二噁英等：电炉炼钢中含有聚氯乙烯（PVC）塑料和氯化油、溶剂的废钢（包括含有盐类的废钢）等都是导致白烟和二噁英（Dioxin）等产生的根源。尽管产生的二噁英只是微量，但二噁英的剧毒目前已被西方发达国家高度重视。

二噁英是一类化合物的简称，英文称dioxin(戴奥辛)，中文称二噁英，学术上称：多氯二苯并二噁英 polychlorinateddibenzo-p-dioxin（简称 PCDDs）及多氯二苯并呋喃 polychlori-nateddibenzofuran（简称 PCDFs），在学术界简称为 PC-DD/Fs。它是无色无味、毒性严重的脂溶性物质；非常稳定，熔点较高，极难溶于水，可以溶于大部分有机溶剂；非常容易在生物体内积累，在环境中很难自然降解消除。二噁英常以微小的颗粒存在于大气、土壤和水中，主要的污染源是化工、冶金工业、垃圾焚烧、造纸以及生产杀虫剂等产业。日常生活所用的胶袋，聚氯乙烯（PVC）软胶等物都含有氯，燃烧这些物品时便会释放出二噁英，悬浮于空气中。

二噁英的毒性特别大，是氰化物的 130 倍、砒霜的 900 倍，有"世纪之毒"之称。具有"三致"毒性，即致畸、致癌、致突变。二噁英的抑制，一是减少二噁英的生成量，即减少含有苯环结构的化合物，减少氯源及催化物质，缩短有机废气在二噁英易生成温度区间的停留时间；二是排除，即采取高效的过滤、物理吸附、高温焚烧、催化降解等措施。

5.6.2 电炉烟气与粉尘的主要性质

（1）烟气成分。电炉冶炼过程中，炉内金属成分与吹入的氧气反应生成的气体称为炉气。从电炉第四孔（或第 2 孔，对直流电弧炉而言）排出的炉气量，按电炉超高功率的大小和吹氧强度，一般在（标态）$250 \sim 550 \mathrm{m^3/t}$ 钢。通常把冶炼或燃烧过程形成的气体通称烟气。烟气成分与所冶炼钢种、工艺操作条件、熔化时间及排烟方式有关，且变化幅度较宽。

电炉烟气主要成分（与空气燃烧系数 α 有关），大致为：$\varphi(CO_2)$ 12% ~ 20%，$\varphi(CO)$ 1% ~ 34%，$\varphi(O_2)$ 5% ~ 13%，$\varphi(N_2)$ 46% ~ 74%；烟气中还存在着极少量的 NO_x 和 SO_x 等，其中 NO_x 的产生是因为空气中的 N_2 和 O_2 在炉内由于高温电弧的加热作用化合而成。另外有些电炉采用重油助燃也会产生少量的 NO_x 和 SO_x，SO_x 产生量的多少取决于重油的使用量和硫的含量。所以，为了降低烟气中的 NO_x 和 SO_x，就必须改变燃料或采用含硫少的重油。

（2）烟气含尘量。烟气中含尘量的大小与炉料的品种、清洁度及所含杂质有关，也与冶炼工艺和操作有关，一般中小型电炉每熔炼 1t 钢约产生 8 ~ 12kg 的粉尘，而大电炉每熔炼 1t 钢产生的粉尘可高达 20kg；在不吹氧情况下，炉气含尘量约 $2.3 \sim 10 \mathrm{g/m^3}$；在吹氧时，烟气含尘浓度（标态）可达 $20 \sim 30 \mathrm{g/m^3}$。虽然它比氧气顶吹转炉的低得多，但仍然大大超出排放标准。而精炼炉一般每熔炼 1t 钢产生 1 ~ 3kg 粉尘。铁水倒罐时的烟气含尘浓度（标态）约为 $3 \mathrm{g/m^3}$。

（3）烟气含油量。烟气含油量相对电炉炼钢而言，含油量的大小同样与炉料的品种、清洁度及所含杂质有关，也与冶炼工艺和操作有关，特别是工艺采用带重油烧嘴的电炉。尽管除尘器设计采用防油型滤料，但防油滤料只是相对较小的烟气含油量有效果，所以电炉工艺设计应尽量不使用带油燃料特别是带重油燃料的电炉。

（4）烟气含水量。采用水冷设备如水冷密排管或蒸发冷却塔时，由于设备漏水或蒸发冷却塔操作不当，以及工艺采用车间进行热捕渣而又没有通风等情况，都将造成烟气中带水，使设备和管道结垢，引起系统运行阻力增大，除尘效果降低。除加强管理外，除尘器一般采用防水型滤料。

烟气湿度表示烟气中所含水蒸气的多少，即含湿程度，工程应用一般多用相对湿度（指单位体积气体中所含水蒸气的密度与在同温同压下的饱和状态时水蒸气的密度之比值，用百分数表示）表示气体的含湿程度。相对湿度在30%～80%之间，适宜采用干法除尘系统；当相对湿度超过80%即在高湿度情况下，尘粒表面有可能形成水膜而黏性增大，此时虽有利于除尘系统对粉尘的捕集，但布袋除尘器将出现清灰困难和除尘效果降低的局面；当相对湿度低于30%即在高干燥状态时，容易产生静电，同样存在着布袋除尘器清灰困难和除尘效果降低的局面。

（5）烟气温度。公称容量在30t左右的电炉，其炉顶第4孔（或第2孔）排出的烟气温度约为1200～1400℃，超高功率电炉其烟气温度约为1400～1600℃。进入电炉炉内排烟管道处的烟气温度一般在800～1100℃，必须采用冷却措施。出水冷烟道的烟气温度设计为450～600℃；出强制吹风冷却器（或采用自然空气冷却器）的烟气温度控制在250～400℃；或采用蒸发冷却塔急冷装置时的出口温度必须控制在200～280℃。密闭罩和屋顶罩的排烟温度取决于排烟量的大小，一般在120℃以下。进入布袋除尘器的烟气温度通常设计低于130℃。

（6）粉尘成分。电炉炼钢产生的粉尘含铁成分（主要是铁的氧化物）最高，具有回收利用价值。电炉第4孔（或第2孔）出口处的粉尘成分与电炉所炼钢种有关。冶炼普通钢时，粉尘中的ZnO和TFe的含量一般较高。冶炼不锈钢时粉尘中含有 Cr_2O_3 和NiO，这些粉尘更应回收利用，一般可采用粉尘冷压块装置，所用黏结剂可以是废纸粉，也可以是石灰等副原料（目前还不成熟）；粉尘热压块装置因回转窑能耗大，压块成品率低而影响其推广使用。表5-6为典型不锈钢电炉的粉尘成分，表5-7为典型碳钢电炉的粉尘成分。

表 5-6　典型不锈钢电炉的粉尘成分

成分	SiO_2	TFe	Cr_2O_3	Ni	PbO	Zn	Al_2O_3	CaO	MgO	K_2O	S	Na_2O
$w/\%$	8	43	19.9	4.8	0.1	1.1	1.0	18.1	3.5	0.1	0.05	0.5

表 5-7　典型碳钢电炉的粉尘成分

成分	ZnO	PbO	Fe_2O_3	FeO	Cr_2O_3	MnO	NiO	CaO	SiO_2	MgO	Al_2O_3	K_2O	Ce	F	Na_2O
范围 $w/\%$	14～45	<5	20～50	4～10	<1	<12	<1	2～30	2～9	<15	<13	<2	<4	<2	<7
典型 $w/\%$	17.5	3.0	40	5.8	0.5	3.0	0.2	13.2	6.5	4.0	1.0	1.0	1.5	0.5	2.0

（7）粉尘颗粒度。粉尘的颗粒度是指粉尘中各种粒径的颗粒所占的比例，也称为粉尘的粒径分布即分散度。颗粒度越小，越难捕集。

粉尘颗粒度根据电炉工艺操作条件变化而变化，颗粒度分布于0.1～100μm之间，且随着熔化期向氧化期转移，其粉尘颗粒度逐渐变细。采用屋顶罩排烟时，粉尘颗粒度集中于0.1～5μm之间。表5-8为电炉粉尘的平均粒度，可见粉尘粒度很细，小于1μm的达50%左右。

表 5-8　电炉出口粉尘的平均粒度

粒径/μm	<0.1	0.1~0.5	0.5~1.0	1.0~5.0	5.0~10	10~20	>20
熔化期/%	1.4	4.9	17.6	55.8	7.1	5.6	6.6
氧化期/%	17.7	13.5	18.0	35.3	7.9	5.3	2.3
屋顶罩/%	4.1	22.0	18.9	42.0	5.6	3.0	9.3

5.6.3　电炉炼钢的排烟与除尘方式

5.6.3.1　电炉炉内排烟方式

电炉炉内排烟主要捕集电炉冶炼时从电炉第 4 孔（或第 2 孔）排出的高温含尘烟气。常用的炉内排烟主要有：水平脱开式炉内排烟和弯管脱开式炉内排烟等形式。

（1）水平脱开式炉内排烟（如图 5-32）。在炉盖顶上的水冷弯管与排烟系统的管道之间脱开一段距离，其间距可以用移动形式的活动套管通过气缸或专门小车来调节，以控制不同冶炼阶段的炉内排烟量。在电炉冶炼的各个阶段，排烟系统的水冷活动套管按需要可以在水平段来回活动，活动套管与电炉在脱开处可引入成倍空气量，使烟气中的一氧化碳燃烧，避免在系统内发生煤气爆炸。也可在炉内排烟系统进口处增设安全风机和烧嘴，安全风机通过自控，保证烟气中氧的体积分数大于 10%，而烧嘴自控可以将烟气温度保持在 650℃ 或更高的温度以上，将烟气中的 CO 和有机废气完全燃烧。

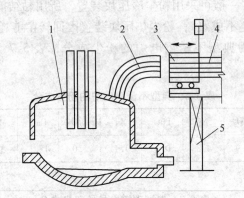

图 5-32　水平脱开式炉内排烟

1—电炉；2—第 4 孔排烟管；3—移动式活动套管；
4—水冷排烟管；5—固定支架

这种排烟方式在我国的应用相当普及，但使用效果尚不够理想，其原因是活动套管的运行结果多为不活动。

（2）弯管脱开式炉内排烟。该排烟装置与水平脱开式炉内排烟的区别在于：排烟系统没有活动套管，通过液压缸或气缸直接将水冷弯管做弧度移动（图 5-33），当电炉工作在各个阶段时，排烟系统的水冷弯管按需要以弧度形式做上下运动。其优点是动作灵活，不像活动套管容易被粉尘堵死，由于水冷弯管是以弧度形式做上下运动，所以水冷弯管内部不易聚积从电炉第 4 孔（或第 2 孔）排出的大颗粒粉尘，从而保证了排烟系统的抽气畅通。这种弯管脱开式炉内排烟装置目前在我国已投入使用。

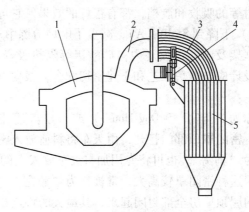

图 5-33 弯管脱开式炉内排烟
1—电炉；2—第 2 孔排烟管；3—移动式弯管；
4—电-液压或气动装置；5—燃烧室

5.6.3.2 电炉炉外排烟方式

（1）屋顶烟罩排烟。车间屋顶大罩位于车间屋顶主烟气排放源顶端的最高处，它的主要作用是使电炉在加料和出钢等过程中瞬间所产生的大量含尘热气流烟尘，即二次烟气，在一个恰当的时间内有组织地被抽走。被抽走的粉尘粒径细小，多在 $0.1 \sim 5 \mu m$ 之间。为了提高屋顶烟罩的捕集效率，最好将电炉平台以上的车间建筑物侧 3 个方向加设挡风墙，同时电炉车间的厂房四周必须做到密闭，不让烟气从厂房四周外逸。另外烟罩结构形式的设计应与建筑密切配合，做成方棱锥体或长棱锥体，锥体壁板倾角以 $45° \sim 60°$ 为佳。屋顶烟罩同时兼有厂房的通风换气作用。其特点是不影响炉内冶金过程和电炉的操作，较好地解决了车间多处烟气的排放以及二次烟尘的排放。但车间内部环境改善得不彻底，且有野风的大量带入，要求系统有很大的吸排能力。第 4 孔法与车间屋顶大罩结合起来比较完美（如图 5-34），使车间内外环境均有所改善。

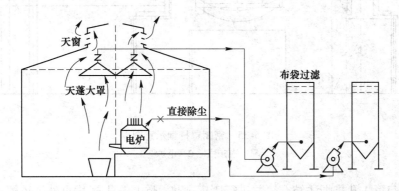

图 5-34 屋顶烟罩排烟示意图

（2）密闭罩排烟。因密闭罩将电炉与车间隔离开来，电炉冶炼时产生的二次烟气被控制在罩内，而且又不受车间横向气流的干扰，所以密闭罩不仅对电炉二次烟气的捕集效果好，而且排烟量也较屋顶烟罩少 35% 左右。更为重要的是密闭罩对超高功率电炉产生的弧光、强噪声和强辐射等的吸收和遮挡，都有很好的效果，它可以使在电炉密闭罩外周围的噪声由原115dB（A）下降到85dB（A），减少了电炉冶炼中对车间的辐射热。

密闭罩主要由金属框架及内外钢板（内衬硅酸铝等隔热吸音材料）和多个电动移门等组成，密闭罩的结构设计应与电炉工艺和土建密切配合，根据电炉工艺的布置情况和操作维修要求进行设计。

人们通常将密闭罩称为"狗窝"（Dog House）或"象宫"。图5-35中所示密闭罩在天车之下，电炉加料时，密闭罩顶部门打开，由天车将料篮放入密闭罩内，因这种密闭罩体积相对较小，常被称为"狗窝"。也可将专用加料天车放入大的密闭罩内，加料时通过活动墙板的开启进行，因这种密闭罩较高大，常被称为"象宫"。甚至有的"象宫"是将电炉周圈包括电炉上方的屋顶厂房全部封闭起来，其最大的特点是电炉加料、出钢等烟尘包括熔炼时逸出的烟尘均通过"象宫"被抽走。密闭罩一般不宜太小，以免罩内温度过高，影响电极导电性能。

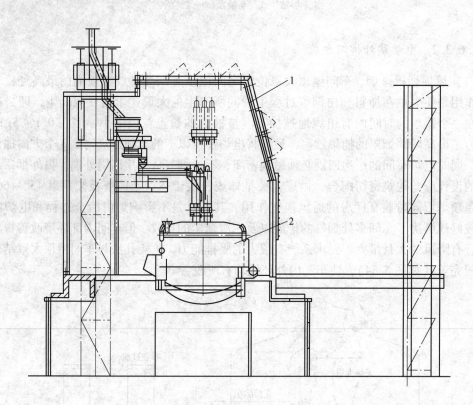

图5-35　密闭罩排烟示意图
1—密闭罩；2—电炉

此法常与第4孔排烟法结合，并进行废钢预热，除具有上述优点外，还解决了烟尘的二次排放问题，减少了对炉内冶金过程的影响，并节约了能源。

宝钢150t双壳电炉则采取三级排烟，即炉顶第2孔排烟（为单电极直流电炉）+电炉密闭罩+车间屋顶大罩，使之成为"无烟"车间，并采用炉顶第二孔排出的高温废气对废钢进行预热。炉顶排烟、密闭罩及屋顶烟罩结合法如图5-36所示。

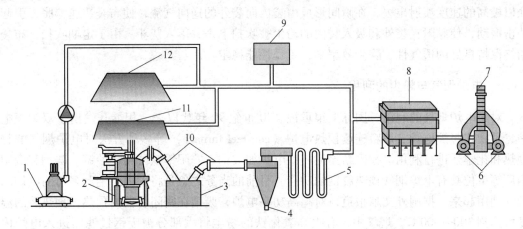

图 5-36 炉顶排烟、密闭罩及屋顶烟罩结合法示意图

1—钢包炉；2—电炉；3—沉降室；4—旋风除尘器；5—冷却器；6—风机；7—烟囱；
8—布袋过滤器；9—辅助设备；10—水冷除尘管道；11—密闭罩；12—屋顶烟罩

5.6.4 除尘方法

除尘设备的种类很多，有重力除尘器、湿法除尘器、静电除尘器以及布袋除尘器等。大多数电炉除尘系统采用布袋除尘法。

布袋除尘器结构与工作原理见图 5-37。布袋除尘装置主要由除尘器、风机、吸尘罩及管道等部分构成。布袋的材质采用合成纤维（如涤纶），玻璃纤维等。玻璃纤维的工作温度为 260℃，寿命为 1~2 年；目前多用聚酯纤维即涤纶，工作温度低（135℃），但耐化学腐蚀性能好、耐磨，寿命为 3~5 年。布袋除尘器的类型及结构形式各种各样，其中比较典型的是脉冲喷吹布袋除尘器。整个除尘器由很多单体布袋组成，每条布袋的直径为 150~300mm，最长可达 10m。通过风机将含尘气体吸进除尘器内，含尘气体由袋外进入袋内，粉尘则被阻留在袋外表面，过滤后的净化气体由排气管导出。另在每排滤袋上部装有喷吹管，在喷吹管上相对应于每条滤袋开有喷射孔。由控制仪不断地发出短促的脉冲信号，通过控制阀有程序地控制各脉冲阀的开启（约为 0.1~0.12s），这时高压空气从喷射

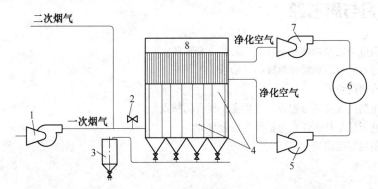

图 5-37 布袋除尘器结构示意图

1—增压风机；2—野风阀；3—储灰罐；4—布袋；5—主风机；

6—排气筒；7—主风机；8—脉冲布袋除尘器

孔以极高的速度喷射出去，在瞬间形成由袋内向袋外的逆向气流，使布袋快速膨胀，引起冲击振动，使黏附在袋外和吸入袋内的粉尘被吹扫下来，落入灰斗。由于定期吹扫，布袋始终保持良好的透气性，除尘效率高，工作性能稳定。

5.6.5　电炉烟气与粉尘的利用

对于电炉烟气的利用，国际上很重视。20世纪90年代以来，相继开发出了双炉壳电炉、手指式竖炉电炉、炉料连续预热电炉（consteel furnace）等多种方法对电炉烟气的物理热和化学热进行利用。我国新建的一些电炉如宝钢、安阳钢铁公司、沙钢、珠钢和贵阳钢厂等单位具有电炉烟气预热废钢的功能。目前的当务之急是将国内已生产多年的电炉的烟气利用起来。据国外文献报道，对超高功率电炉，废钢在密闭容器内预热，预热后的温度可达到300~500℃，烟气中含有很高氧化铁的粉尘将大部分被废钢过滤而进入电炉内当作原料使用，冶炼时间缩短8min，耐火材料消耗下降17%，节电50kW·h/t。日本新日铁开发的新型竖炉式废钢预热系统，可使废钢平均温度达到400~600℃；预热效率达到约50%，节能70~80kW·h/t。因此，电炉烟气预热废钢的方法对环境保护、节能降耗、提高电炉工艺的竞争力均有重要意义。

电炉粉尘含有锌铅，不能配入烧结矿进高炉炼铁，如露天堆放对环境造成严重污染，必须加以处理，目前世界上对电炉粉尘利用的研究很重视。除废钢预热技术可明显降低电炉粉尘的排放外，德国德马克公司开发了转底炉—埋弧电炉、瑞典Mefos开发了空心电极直流电弧炉、德国鲁奇公司开发了回转窑及循环流化床处理含锌粉尘技术。

将含锌较低的粉尘喷入电炉进行循环富集是一种低成本的粉尘处理方法。德国VELCO和丹麦DDS公司在110t电炉炼钢时将电炉粉尘和炭粉喷入电炉内，其中炭粉作还原剂。含锌粉尘喷入渣钢之间，氧化锌被碳还原成金属锌，并立即气化。锌蒸气与氧反应形成锌的氧化物，作为粉尘的一部分进入烟气。粉尘的其余部分，除了少量的挥发物外，溶解于渣中。在电炉中粉尘中的97%以上的锌进入二次粉尘富集，粉尘可作为炼锌原料。我国含锌废钢较少，炼钢粉尘中的锌含量比较低，因此如何合理利用电炉粉尘，应做深入研究。此外电炉粉尘制作高附加值氧化铁红等的技术也值得探讨。

复习与思考题

5-1　偏心底出钢电炉的结构特点是什么，其优点有哪些？

5-2　比较链条底板式料罐和蛤式料罐的优缺点。

5-3　导电横臂有何优点？

5-4　电弧炉主电路由哪几部分组成，电炉变压器有何特点？

5-5　电弧炉短网指的是什么，它包括哪几部分导体？

5-6　降低电极消耗有何措施？

6 现代电弧炉炼钢的强化冶炼技术

现代电弧炉的出现和发展，促进了大量强化冶炼技术的产生，包括一些生产上必须解决的关键技术，如电极、炉衬的问题和一些高效、节能降低成本的深化技术等。这些技术有：水冷炉壁、水冷炉盖，氧-燃助熔，泡沫渣埋弧，炉门碳氧枪，集速射流氧枪，二次燃烧，底吹搅拌，废钢预热及余热回收等。采用这些强化技术的现代电弧炉能够实现高效、节能。本章主要介绍现代电弧炉的强化冶炼技术。

6.1 强化冶炼技术概述

电炉炼钢冶炼周期 t 可用式（6-1）计算：

$$t = (t_2 + t_3) + (t_1 + t_4) = t' + t'' = \frac{60WG}{P_n C_2 \cos\varphi + P_化 + P_物} + t'' \tag{6-1}$$

$$W = W_电 - W_化 - W_物 \tag{6-2}$$

式中　t——冶炼周期（出钢到出钢时间），min；

t_1，t_4——出钢间隔与过程热停工时间，即总非通电时间 t''，min；

t_2，t_3——熔化与精炼通电时间，即总通电时间 t'，min；

W——电能单耗，kW·h/t；

G——出钢量，t；

P_n——电炉变压器的额定容量；

C_2——功率利用率；

$\cos\varphi$——功率因数；

$P_化$——由化学热换算成的电功率，kW；

$P_物$——由物理热换算成的电功率，kW；

$W_电$——$W_化$ 与 $W_物$ 为零时的电耗，kW·h/t；

$W_化$——由于化学热导致的节电，kW·h/t；

$W_物$——由于物理热导致的节电，kW·h/t。

由上述公式可知：要想缩短冶炼周期，即应使 t 减少，则必须减少 t' 和 t''。减少冶炼周期 t 的途径有以下几方面。

（1）减少 t，必须提高吨钢输入电功率，即 P_n/G。变压器额定功率越大，可输入电炉的电功率就越大，因此电炉要匹配较大容量的变压器。超高功率电炉就是基于这点而发展起来的。

（2）提高 $C_2\cos\varphi$ 可以减少 t。围绕这个目标的技术措施是：优化电炉供电制度和短网结构，采用导电横臂等。

（3）提高 $P_化$ 有利于减少 t。化学热来源是：钢中元素氧化的化学热（含二次燃烧热）、氧燃烧嘴提供的化学热、外加热铁水等。碳、氧喷枪除吹氧助熔，提供碳、磷氧化所需氧源外，还为造泡沫渣供氧、供碳，实现埋弧熔炼，使长弧操作成为可能。

（4）提高 $P_物$ 有利于减少 t。物理热来源是：废钢预热、加适量的热铁水等。

（5）减少 t'' 是减少 t 的非常有效的途径。实际上，冶炼时并非是连续通电的。比如装第二料罐料、测温取样、成分分析、电气设备的操作都会占用时间，如果设备出现故障就会产生非正常的停电时间。如果热停工时间加长，延长 t''，同时又有钢水向外散热导致 t' 相应延长。通常 t'' 是由补炉时间、装料时间、接电极时间、测温取样分析时间、出钢时间、设备故障时间等组成。只有缩短每个相关环节的时间，才能缩短非通电时间 t''。主要措施是：充分利用补炉机械、清渣门机械、快速测温取样和分析设备、机械化加料系统和连续加料方式，不断提高机械、电气设备的可靠性以及生产组织能力和管理、操作手段维护水平等。

综上所述，将缩短电炉冶炼周期的技术措施列成表 6-1。

表 6-1　缩短电炉冶炼周期的技术措施

目　标	缩短电炉冶炼周期（t）的技术措施		
缩短冶炼周期	缩短总通电时间 t'	提高 P_n/G	超高功率电炉
			直流电炉
			高阻抗交流电炉
			变阻抗交流电炉
		提高电效率及功率因素 $C_2\cos\varphi$	长弧泡沫渣操作 水冷炉壁
			长弧泡沫渣操作 水冷炉盖
			长弧泡沫渣操作 优质耐火材料
			直接导电电极臂
			优化短网结构
			优化供电制度
			底吹惰性气体搅拌
	利用化学热 $P_化$		碳氧喷枪（加入大量氧、碳）、底吹氧风口
			加入热铁水
			氧燃烧嘴
			二次燃烧
	利用物理热 $P_物$		加入热铁水，废钢预热
	优化炼钢工艺		偏心底出钢，炉外精炼（将还原期放在炉外进行）
	缩短非总通电时间 t''		缩短装料时间、减少装料次数
			充分利用补炉机械、清渣门机械
			快速测温、取样和分析
			设备是可靠运行

图 6-1 所示为近 40 年来，电炉炼钢工艺装备技术的发展对缩短冶炼周期、降低电耗和电极消耗的作用。

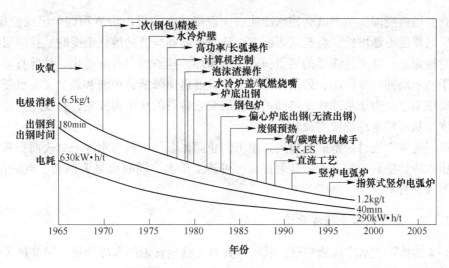

图 6-1 40 年以来电弧炉工艺技术的进展

6.2 水冷炉壁、水冷炉盖技术

功率大幅度提高的超高功率电弧炉使炉衬寿命大为降低，采用低电压、大电流粗短弧供电，炉衬寿命得到一定缓解，但要从根本上解决炉衬寿命问题，必须寻求新的耐火炉衬，水冷炉壁、水冷炉盖应运而生。

1972 年日本开发的水冷挂渣炉壁，当时叫耐久炉壁，并率先在日本采用，后推广到美国、欧洲等，发展非常迅速。

目前，超高功率电炉普遍采用水冷炉壁、水冷炉盖。采用水冷炉衬，也是促进超高功率电弧炉技术发展的关键技术。对于偏心底出钢电炉，水冷炉壁布置在距渣线 200 ~ 300mm 以上的炉壁上，炉壁水冷面积可达 70% 以上，采用水冷炉壁后炉容积扩大，增加了废钢一次装入量。水冷炉盖由大炉盖与中心小炉盖组成，中心小炉盖用耐火材料打结成，炉盖水冷面积可达 85% ~ 90%。组成水冷炉壁与水冷炉盖的水冷块寿命均可以达到 5000 次以上。

炉壁采用水冷后，热点区的问题得到基本解决，炉衬寿命得到一定的提高。虽然冷却水带走一些热量（5% ~ 10%），但由于提高炉衬寿命，冶炼周期缩短、维护时间减少等综合效果明显。

由于水冷炉壁、水冷炉盖技术是高功率大电炉派生出来的，因此对低功率、小电炉还是适合的。

6.2.1 水冷挂渣炉壁

水冷挂渣炉壁可以装在渣线以上炉壁热点区和易损区局部使用，也可在渣线以上做成全水冷挂渣炉壁。其结构分为铸管式、板式或管式、喷淋式等。

6.2.1.1 工作原理

水冷挂渣炉壁使用开始时，挂渣块表面温度远低于炉内温度，炉渣、烟尘与水冷块表面接触就会迅速凝固。结果就会使水冷块表面逐渐挂起一层由炉渣和烟尘组成的保护层。当挂渣层的厚度不断增长，直至其表面温度逐渐升高到挂渣的熔化温度时，挂渣层的厚度保持相对稳定态。如果挂渣壁的热负荷进一步增加，挂渣层会自动熔化、减薄直至全部剥落，由于挂渣块的水冷作用，致使挂渣层表面温度迅速降低，炉渣和烟尘又会重新在挂渣块表面凝固增厚。由于水冷块受热面的挂渣层受它自身的热平衡控制，自发地保持一定的平衡厚度，从而使水冷炉壁寿命长久。

挂渣层可减少通过炉壁的热损失，也可防止固体金属炉料与水冷炉壁表面打弧。

采用水冷炉壁后，炉壁寿命显著提高，可达上千次，同时也显著提高了电炉作业率，降低了耐火材料消耗。

6.2.1.2　铸管式水冷挂渣炉壁

图 6-2 为铸管式水冷挂渣炉壁。其内部铸有无缝钢管做的水冷却管，炉壁热工作面附设耐火材料打结槽或镶耐火砖槽。该结构特点有以下几个方面。

(1) 具有与炉壁所在部位的热负荷相适应的冷却能力，适于炉壁热流为 $55.5 kW/m^2$ 的条件。

(2) 结构坚固，具有较大热容量，能抗击炉料撞击和因搭料打弧以及吹氧不当所造成的过热。

(3) 具有良好的挂渣能力，易于形成稳定的挂渣层，适应炉内热负荷的变动，通过挂渣层厚度的变化，调节炉壁散热能力与炉内热负荷相平衡。

(4) 冷却速度快，且不易结垢。

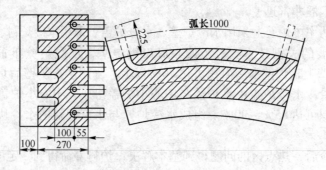

图 6-2　铸管式水冷挂渣炉壁

6.2.1.3　板式或管式水冷挂渣炉壁

A　板式水冷挂渣炉壁

板式水冷挂渣炉壁如图 6-3 所示。它用锅炉钢板焊接，水冷壁内用导流板分隔为冷却水流道，其流道截面可根据炉壁热负荷来确定，热工作表面镶挂渣钉或挂渣的凹形槽。

B　管式水冷挂渣炉壁

管式水冷挂渣炉壁如图 6-4 所示。它用锅炉钢管制成，两端为锅炉钢管弯头或锅炉钢铸造弯头，由多支冷却管组合而成。

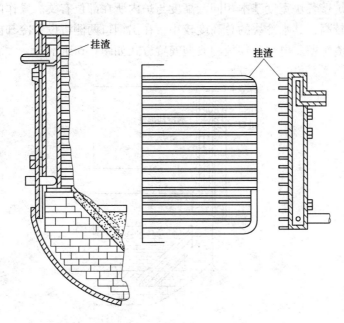

图 6-3 板式水冷挂渣炉壁

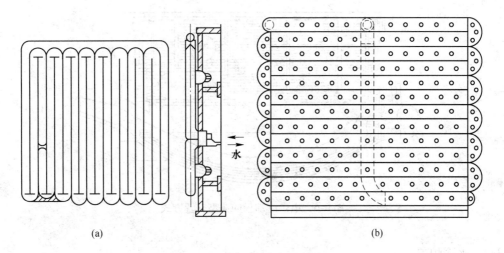

(a) (b)

图 6-4 管式水冷挂渣炉壁

（a）密排垂直管；（b）密排水平管

板式或管式水冷挂渣炉壁结构的特点有以下几个方面。

（1）适用于炉壁热流 0.22～1.26MW/m² 的高热负荷，适用于高功率和超高功率电弧炉。

（2）结构坚固，能承受炉料撞击或炉料搭接打弧以及吹氧不当造成的过热。

（3）具有良好的挂渣能力，通过挂渣厚度调节炉壁的热负荷。

（4）利用分离炉壳，易于水冷壁更换，同时可将漏水引出炉外，操作安全，如图 6-5 所示。

全水冷挂渣炉壁各块宽度基本相同，高度与炉内所在部位有关。操作门和出钢口所用水冷块安装位置较高，其水冷块的总高度较小，在出钢口两侧可设置冷却能力较强的铜质的组合式水冷挂渣炉壁。电炉冷却板的典型安置方式如图 6-6 所示。

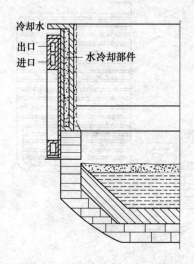

图 6-5　板式或管式水冷挂渣

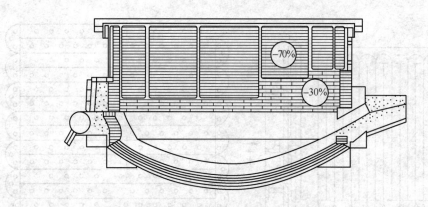

图 6-6　电炉冷却板的典型安置方式

6.2.2　水冷炉盖

水冷炉盖有全水冷炉盖和半水冷炉盖两种，如图 6-7 和图 6-8 所示。

水冷炉盖由上表面和下表面两部分用锅炉钢板焊接而成，下表面工作条件恶劣，一般采用 14mm 厚钢板，而上表面采用 8～10mm 厚的钢板。炉盖拱度一般为 1/6～1/8，但其顶部中心较平，也有的采用球缺体状冷压成形，然后对焊在一起，有的在上下层钢板之间采用撑筋的补强措施。所有的焊缝尽量采用双面焊，焊好后应进行消除内应力的热处理及水压试验，水压为 0.6MPa，并要求保持 30min 不渗漏。

为了保护炉盖并减少热量散失，最好在炉盖的受热面上挂一层厚度为 60～80mm 的磷酸盐耐火混凝土或铝酸盐矾土耐火混凝土。使用期间，耐火层掉下一层后，又会自然形成 3～15mm 厚的挂渣保护层。还有的是在水冷炉盖的受热面上加上一层永久或半永久的耐

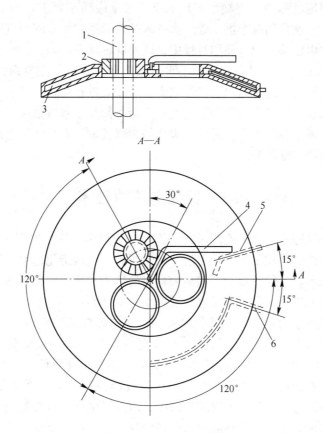

图 6-7　电炉全水冷炉盖
1—ϕ200 石墨电极；2—耐火砖；3—炉盖体（材质 Q235 钢板，厚 14mm）；
4—出水管；5，6—进水管

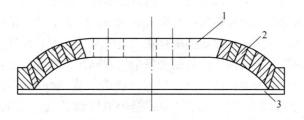

图 6-8　电炉半水冷炉盖
1—中心水冷箱；2—炉盖砌砖；3—水冷炉渣圈

火内衬，使用效果也很好。一般该内衬多由衬骨与衬料组成，比较理想的制作方法是在炉盖的受热面上先均匀焊上外径为 50mm，壁厚为 5mm，长度为 50mm 左右的钢管，并保持管与管之间的距离为 10mm 左右。这种管群就是所谓的衬骨。衬料是由镁砂（3～8mm 的占 75%、小于 3mm 的占 25%）和耐火泥（混合密度为 1.3g/cm^3，占料重 15%）以及卤水（约占料重 7%～8%）组成。混拌后将衬料分批加入钢管内孔和管子间隙中，并用平头捣棍分层捣固，然后在室温自然干燥 48h 以上即可。

水冷炉盖在使用过程中不得缺水，且水压、水量应满足要求。为了使炉盖内水温均匀，不存在死角，一般采用两个进水管。水进入炉盖后通过炉盖圈内直径相同的数十个孔流向炉盖顶部，并由顶部流出。使用过程中，既要保证水路畅通，严防堵塞，还要严格控制水温，一般为70℃最好，过高容易产生水垢而降低炉盖的使用寿命，过低则不利于炉内保温。为此，要求在水的进出口处安置水温、水压表进行监控。

水冷炉盖的出现，不仅提高了炉盖的使用寿命，简化了水冷系统结构，而且节约了大量的耐火材料并改善了劳动条件。另外，水冷炉盖圈较宽，对炉壁的上部也起一定的冷却作用，因而也能提高炉壁的使用寿命。

6.3　长弧泡沫渣技术

现代电炉炼钢为缩短电弧炉冶炼时间，提高电弧炉生产率，采用了较高的二次电压，进行长电弧冶炼操作，增加了有功功率的输入，提高了炉料熔化速率。但电弧强大的热流向炉壁辐射，增加了炉壁的热负荷，使耐火材料的熔损和热量的损失增加。为了使电弧的热量尽可能多地进入钢水，需要采用泡沫渣埋弧技术。

泡沫渣技术适用于大容量超高功率电弧炉，在电弧较长的直流电弧炉上效果更为突出。泡沫渣可使电弧对熔池的传热效率从30%提高到60%（一般情况下，全炉热效率能提高5%以上）；电弧炉冶炼时间缩短10%～14%；冶炼电耗降低约22%；并能提高电炉炉龄，减少炉衬材料消耗。电弧炉冶炼过程中电极消耗的50%～70%是由电极表面氧化造成的。而采用泡沫渣操作可使电极埋于渣中，减少了电极的直接氧化又有利于提高二次电压，降低二次电流、使电能消耗减少，电极消耗也相应减少2kg/t以上，因而使得生产成本降低，同时也提高了生产率，也使噪声减少，噪声污染得到控制。

6.3.1　泡沫渣形成机理

泡沫渣是气体分散在熔渣中形成的。当熔渣的温度、碱度、成分、表面张力、黏度等条件适宜时会因气体的作用而使熔渣发泡形成泡沫渣。所谓泡沫渣是指在不增大渣量的前提下，使炉渣呈很厚的泡沫状。即熔渣中存在大量的微小气泡，而且气泡的总体积大于液渣的体积，液渣成为渣中小气泡的薄膜而将各个气泡隔开，气泡自由移动困难而滞留在熔渣中，这种渣气系统被称为泡沫渣。电弧炉泡沫渣的形成是在冶炼过程中，增加炉料的含碳量和利用吹氧管向熔池吹氧以诱发和控制炉渣的泡沫化。熔池中的碳直接和氧反应生成CO使熔渣起泡，喷入渣中悬浮的固体碳粒，提高了熔渣的黏度及气泡表面液膜的强度和弹性，使气泡液膜难以破裂，从而提高了泡沫的稳定性。炉渣发泡后，电极热端与金属液之间高温弧区不易散热，弧区电离条件得到改善，故气体的电导率增加。在同样的电压情况下，电弧长度增加，同时泡沫渣成为电极弧光的屏蔽，对保炉电极、提高炉内热效率等起重要作用。泡沫渣技术是在电弧炉冶炼过程中，在向炉内吹入氧气的同时向熔池内喷吹炭粉或碳化硅粉，在此形成强烈的碳氧反应，通过该反应使渣层内形成大量的CO气体泡沫，气体泡沫使渣层厚度达到电弧长度的2.5～3.0倍，这使电弧完全屏蔽在渣内，从而减少电弧向炉顶和炉壁的辐射，最终延长电炉炉体寿命，并能提高电炉的热效率。

6.3.2　泡沫渣的作用

泡沫渣增大了渣-钢的接触界面，加速氧的传递和渣-钢间的物化反应，大大缩短了一炉钢的冶炼时间。在电弧炉中泡沫渣厚度一般要求是弧柱长度的 2.5 倍以上，电炉造泡沫渣的主要作用如下。

（1）可以采用长弧操作，使电弧稳定和屏蔽电弧，减少弧光对炉衬的热辐射。传统的电弧炉供电是采用大电流、低电压的短弧操作，以减少电弧对炉衬热辐射，减轻炉衬的热负荷，提高炉衬的使用寿命。但是短弧操作功率因数低（$\cos\varphi = 0.6 \sim 0.7$）、电耗大、大电流对电极材料要求高，或要求电极断面尺寸大，所以电极消耗也大。为了加速炉料的熔化和升温，缩短冶炼时间，向炉内输入功率不断提高，实行所谓高功率、超高功率供电。如仍用短弧操作，则电流极大，使得电极材料无法满足要求，所以高电压长弧操作势在必行。但是长弧操作使电弧不稳及弧光对炉衬热辐射严重，而泡沫渣能屏蔽电弧，减少了对炉衬的热辐射；泡沫渣减轻了长弧操作时电弧的不稳定性，直流电弧炉采用恒电流，随流电弧电压波动很小，电极几乎不动。

（2）长弧泡沫渣操作可以增加电炉输入功率，提高功率因数和热效率。资料和试验指出，在容量为 80t、配以 90MV·A 变压器的电弧炉，功率因数由 0.63 增至 0.88，如不造泡沫渣，炉壁热负荷将增加 1 倍以上，而造泡沫渣后热负荷几乎不变；泡沫渣埋弧可使电弧对熔池的热效率从 30% ~ 40% 提高到 60% ~ 70%；使用泡沫渣使炉壁热负荷大大降低，可节约补炉镁砂 50% 以上和提高炉衬寿命 20 余炉。

（3）降低电耗、缩短冶炼时间、提高生产率。由于埋弧操作加速了钢水升温，缩短了冶炼时间，降低电耗。国内某些厂 100t 电弧炉造泡沫渣后，1t 钢节电 20 ~ 50kW·h，缩短冶炼时间 30min/炉，提高生产率 15% 左右。由于吹氧脱碳及其氧化反应产生大量热能，加入泡沫渣对电弧的屏蔽作用，吹氧搅拌迅速均匀钢水温度等方面的原因，吨钢电耗明显降低。据日本大同特钢知多厂 70t 实测，冶炼各期电弧加热效率 η 如下：熔化期加热 $\eta = 80\%$，熔化平静钢液面加热 $\eta = 40\%$，喷炭埋弧加热 $\eta = 70\%$。可见，采用埋弧喷炭造泡沫渣的方式，将比传统操作热效率提高很多，将使熔体升温速度快，冶炼时间缩短。同时，由于炉渣大量发泡，使钢渣界面扩大，有利于冶金反应的进行，也使冶炼时间缩短。再加上电弧炉功率因数的提高，使吨钢电耗得以下降。100t 普通功率电炉运用泡沫冶炼技术后，每炉钢的冶炼时间缩短了 30min，并节电 20 ~ 70kW·h/t。

（4）降低耐火材料消耗。由于泡沫渣屏蔽了电弧，减少了弧光对炉衬的辐射，使炉衬的热负荷降低。同时，导电的炉渣形成了一个分流回路，输入炉内的电能不再是全部由电弧转换为热能，而是有一部分依靠炉渣的电阻转换。这样在同样的输入功率下，就减少了电弧功率，这也有利于减少炉衬的热负荷，降低耐火材料消耗。使用泡沫渣时炉衬的热负荷状况为，电极消耗与电流的平方成正比，显然采用低电流大电压的长弧泡沫渣冶炼，可以大幅度降低电极消耗。另外，泡沫渣使处于高温状态的电极端部埋于渣中，减少了电极端部的直接氧损失。

（5）泡沫渣具有较高的反应能力，有利于炉内的物理化学反应进行，特别有利于脱磷、脱硫。泡沫渣操作要求更大的脱碳量和脱碳速度，因而有较好的去气效果，尤其是可以降低钢中的氮含量。因为泡沫渣埋弧使电弧区氮的分压降低，钢水吸氮量大大降低。泡沫渣单渣法冶炼，成品钢的含氮量仅为无泡沫操作的 1/3。由于铺底石灰提前加入及炉渣泡沫化程度高，流动性好且不断搅拌钢液炉渣，大大增加了钢渣接触面积，利于少氧化渣脱磷反应进行。实践证明：只有少数炉次熔清时分析磷在 0.040% 以上，一般来说磷都能小于 0.020%。由于炉渣的发泡使渣钢界面积扩大，改善了反应的动力学条件，有利于脱磷反应的进行。脱磷反应是界面反应，泡沫渣使得这种反应得以不断进行。另外，工业上一般选用 TFeO = 20%，炉渣碱度 $R = w(CaO)/w(SiO_2) = 2$ 的炉渣作为泡沫渣的基本要求，这种渣本身对脱磷就很有利。同时，电弧炉可以一边吹氧一边流渣，可及时将含磷量高的炉渣排出炉外，这也是有利于脱磷的。此外，在进行泡沫渣冶炼时，一般熔池的脱碳量和脱碳速度较高，有利于脱氮。因有泡沫渣屏蔽，电弧区氮的分压显著降低。因此，采用泡沫渣冶炼的成品钢中，氮含量只有常规工艺的 1/3。

6.3.3　影响泡沫渣的因素

从理论上分析，影响熔渣泡沫化的因素主要有两个方面，即熔渣本身的物理性质和气源条件。由于炉渣泡沫化是炉渣中存在大量气泡的结果，故影响气泡存在和消失的炉渣物理性质必然对炉渣泡沫化有影响。炉渣的表面张力降低，在炉渣中形成气泡所消耗的能力减少，有利于炉渣的发泡。其主要影响因素如下。

（1）吹氧量。泡沫渣主要是碳氧反应生成大量的 CO 所致，因此提高供氧强度既增加了氧气含量，又提高了搅拌强度，促进碳氧反应剧烈进行，使单位时间内的 CO 气泡发生量增加，在通过渣层排出时，使渣面上涨、渣层加厚。

（2）熔池含碳量。含碳量是产生 CO 气泡的必要条件，如果碳含量不足，将使碳氧反应乏力，影响泡沫渣生成，这时应及时补碳，以促进 CO 气灌的生成。

（3）炉渣的物理性质。增加炉渣的黏度、降低表面张力和增加炉渣中悬浮质点数量，将提高炉渣的发泡性能和泡沫渣的稳定性。

（4）炉渣化学成分。在碱性炼钢炉渣中，FeO 含量和碱度对泡沫渣高度的影响很大。一般来说，随 FeO 含量升高，炉渣的发泡性能变差，这可能是 FeO 使炉渣中悬浮质点溶解，炉渣黏度降低所致。碱度 $w(CaO)/w(SiO_2)$ 保持在 2.0 ~ 2.2 附近，泡沫渣高度达到最高点。

（5）温度。在炼钢温度范围内，随温度升高，炉渣黏度下降，熔池温度越高，生成泡沫渣的条件越差。

6.3.4　泡沫渣的控制

良好的泡沫渣是通过控制 CO 气体发生量、渣中 FeO 含量和炉渣碱度来实现的。足够的 CO 气体量是形成一定高度的泡沫渣的首要条件。形成泡沫渣的气体不仅可以在金属熔池中产生，也可以在炉渣中产生。熔池中产生的气泡主要来自溶解碳和气体氧、溶解氧的反应，其前提是熔池中有足够的碳含量。渣中 CO 主要是由碳和气体氧、氧化铁等一系列反应产生的，其中碳可以以颗粒形式加入，也可以粉状形式直接喷入。事实证明，喷入细粉可以更快、更有效地形成泡沫渣。产生泡沫渣的气体 80% 来自渣中，20% 来自熔池。熔池产生的细小分散气泡既有利于熔池金属流动，促进冶金反应，又有利于泡沫渣形成；而渣中产生的气体则不会造成熔池金属流动。研究表明：增加炉渣的黏度，降低表面张力，使炉渣的碱度 $R = 2.0 ~ 2.5$，$w(FeO) = 15\% ~ 20\%$ 等，均有利于炉渣的泡沫化。

6.3.5 造泡沫渣方式

6.3.5.1 DRI造泡沫渣

从DRI的化学成分看，除了金属Fe之外，一般还会有相当数量的氧化铁（质量分数）7%~10%和碳（质量分数）1.0%~3.0%，除此之外，DRI不管是以球团形式、块矿形式，还是以HBI形式供货，一般块度不大（HBI的块度最大，一般为30mm×60mm×90mm），可以从电炉顶连续加入炉内。

DRI中的氧化铁多以FeO_n形式存在，在炉内与碳产生化学反应：$FeO + C = Fe + CO$（吸热）。

粒状或块状的DRI因其密度介于炉渣与钢水之间（44000~6000kg/m³），加入炉内后多在钢-渣界面停留，使渣-钢表面积增大，有利于上述反应向正方向进行。因为碳还原氧化铁反应的大量吸热，因此不宜过早地向炉内加入DRI。一般在熔池温度高于1500℃以上加入为宜。高温下DRI从炉盖开口处以一定速度连续加入，使其熔化和冶炼反应同时进行，电极电弧稳定。

6.3.5.2 碳氧喷枪造泡沫渣

向电炉炉内供氧与喷炭一般有两种不同的方式：超声速水冷喷枪与消耗式喷枪。

使用消耗式喷枪造泡沫渣有以下几种机理。

（1）向含碳钢水中吹氧。向钢水中吹O_2，发生反应：$[C] + \frac{1}{2}O_2 = CO$，CO气泡上升到渣层形成泡沫渣，这种CO气泡称为第一代气泡，采用这种吹氧操作为保证氧气利用效率，要求钢水中$w[C]$保持在0.2%以上。

（2）向炉渣中喷炭粉。当钢水中碳含量不断降低时，再向钢水中吹氧会加速铁元素氧化，使得渣中氧化铁急剧上升，高氧化铁炉渣对炉衬侵蚀加剧，同时也会影响钢水收得率，更会加重脱氧的困难。通过向渣中喷入炭粉，炭粉会还原渣中氧化铁，同时生成CO气泡，其反应式为：$(FeO) + C = Fe + CO$，反应结果不仅有利于形成泡沫渣，而且因为将渣中的一部分铁还原于钢水之中，还会提高冶炼金属收得率。炭粉与炉渣反应生成的CO气泡称为第二代气泡。

（3）向喷入炭粉的炉渣中吹氧。一般现代电炉使用消耗式碳氧枪，共有三只喷管，其中两只吹氧，一只喷炭粉。向炉渣喷入炭粉的同时，用另一只氧枪插入炉渣，在渣中进行炭粉的氧化反应，反应式：$C(喷入) + \frac{1}{2}O_2(渣中) = CO$，这种CO气泡称为第三代气泡。三只喷枪同时使用造泡沫渣的情况示于图6-9，使用超声速水冷氧枪时，凡喷枪口出来的氧气与炭粉-压缩空气射流也会有以上三方面的多相（固体炭粉颗粒、氧气、CO气体、渣、钢）反应。

使用水冷喷枪造泡沫渣的机理与使用消耗式喷枪类似，只不过水冷喷枪不能插入钢水熔池操作，但从喷头出来的高速射流可以将氧气与炭粉带入钢水熔池与渣层中，反应机理基本相同。

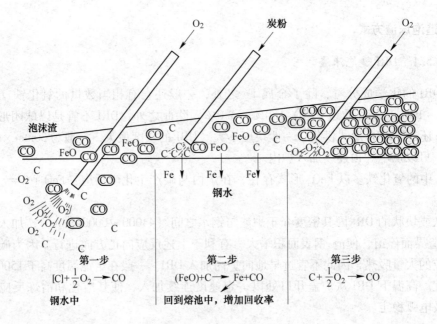

图 6-9　炭粉枪与氧枪同时使用造泡沫渣机理

6.4　氧-燃助熔技术

6.4.1　氧燃烧嘴的类型与特点

炉壁采用水冷后，"热点"问题得到基本解决，但"冷点"问题突出了。大功率供电使废钢熔化迅速，热点区很快暴露给电弧，而此时冷点区的废钢还没有熔化，炉内温度分布极为不均。为了减少电弧对热点区炉衬的高温辐射，防止钢液局部过烧，而被迫降低功率，"等待"冷点区废钢的熔化。

超高功率电炉为了解决"冷点"区废钢的熔化，采用氧燃烧嘴，插入炉内"冷点"区进行助熔，实现废钢的同步熔化，解决炉内温度分布不均的问题。氧燃助熔技术主要包括氧-油烧嘴、氧-煤烧嘴和氧-天然气烧嘴。所用燃料有柴油、重油、天然气和煤粉等。各种类型烧嘴的特点和氧燃理想配比列于表 6-2。

表 6-2　各种类型烧嘴的特点和氧燃理想配比

烧嘴类型	特　　点	氧燃理想配比
氧-油烧嘴	需配置油处理及汽化装置，氧、油通过节流阀调节，自动控制水平较高。从设备投资、使用和维护方面比较，轻柴油优势较明显	一般氧油比为 2:1。为使烧嘴达到最佳供热量，应注意根据投入电量来改变均匀熔化时所需的最佳烧嘴油量
氧-煤烧嘴	需配置煤粉制备装置。虽然煤资源丰富，价格低，但装备复杂，投资大，其热效率可达到 60% ~ 70%	氧煤比控制在 2.5 左右时，吨钢电耗最低
氧-天然气烧嘴	天然气发热值高，易控制，污染小，是良好的气体燃料。设备投资少、操作控制简便、安全性能高	配比为 2:1 时，火焰温度及操作效率最高；配比小于 2:1 时，火焰温度低，废气温度提高；配比大于 2:1 时，碳剂合金氧化显著，电极消耗量增加，化学成分可控性降低

在使用三种不同燃料的氧燃烧嘴技术中，氧-煤助熔技术总的吨钢成本降得最多，氧-天然气助熔技术次之，氧-油助熔技术降得最少。实际采用哪种氧燃助熔技术，需要综合各方面的因素后决定。

6.4.2 结构与布置

因使用燃料种类不同，氧燃烧嘴的结构也会有所不同，但基本结构还是一致的。通常采用铜铸的烧嘴头，最外层一般都是冷却水保护，使烧嘴免受高温辐射以及溅渣等侵蚀。里面依次是氧气和燃料的喷嘴，假如使用液体或粉状材料，则燃料喷嘴内还要考虑有载气输送。图6-10是一种典型的氧-油烧嘴示意图。油氧枪将已雾化的燃油同氧气进行燃烧放热，达到熔化、切割废钢的目的。雾化气体一般为干燥压缩空气或 N_2。电弧炉新型油-氧助熔技术的设备操作及维护简单，可实现仪表或计算机控制。因此，在我国的绝大多数中大型高功率、超高功率电弧炉上，使用的是油-氧助熔技术。

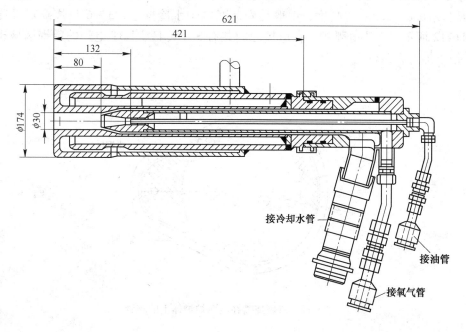

图6-10 沙钢润忠厂90t福克斯（Fuchs）电炉用氧-油烧嘴

对于氧-煤粉烧嘴，北京科技大学研制的以空气（或 N_2）为载气的输送煤粉的中心管和氧气分为旋流和直流的双氧道烧嘴（如图6-11），这种烧嘴既能保证在烧嘴出口处形成回流区，有利于点火，又能在其外部形成约束火焰的直流氧气射流，以增加火焰出口动量，提高其穿透能力。

氧-天然气烧嘴的燃烧效率主要取决于氧气与天然气进行充分混合的预混合室的长度，预混合室中存在一个最佳长度，可使烧嘴燃烧效率最高。

烧嘴的大小和多少依据电弧炉容量（也即电炉炉壳尺寸）以及电炉冶炼工艺条件（如废钢种类、DRI 使用数量、是否有废钢预热或热装铁水等）而定。一般来说，使用废

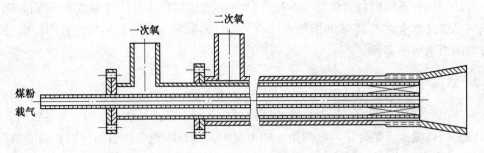

图 6-11　氧-煤（粉）烧嘴的结构简图

钢预热或有铁水热装的电炉，氧燃烧嘴的个数与功率都可适当减小，而使用重型废钢或 DRI 比例大的电炉，烧嘴配置应当多些或功率需适当大些。氧燃烧嘴的供热能力一般用功率大小来衡量，单只烧嘴的功率多在 2 ~ 4MW 之间。每座电炉所配氧燃烧嘴的总功率，一般为变压器额定功率的 15% ~ 30%，每吨钢功率为 100 ~ 200kW/t。氧燃烧嘴通常布置在熔池上方 0.8 ~ 1.2m 的高度，一般是安装在电炉水冷壁上，3 ~ 6 只烧嘴对准冷点区（如图 6-12 所示，交流电弧炉，在电极之间共有 3 个冷区，EBT 电炉的留钢区域也是冷区），便于加速废钢熔化。

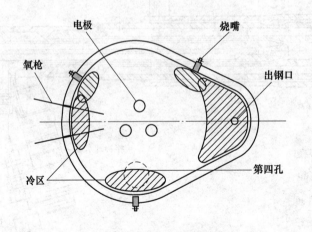

图 6-12　氧燃烧嘴在电弧炉炉体上的布置

　　较小的电炉可以在炉门上安装烧嘴，单个烧嘴安装在一支撑小车上可使烧嘴灵活对准炉内某个区域，使烧嘴火焰有效地达到炉内冷区。也有个别的电弧炉，氧燃烧嘴被设计安装在炉盖之上，这对于炉盖旋转或平移的操作很不方便，但对于使用大量泡沫渣的电炉，炉盖烧嘴可以避免炉壁烧嘴出现的灌渣现象。

6.4.3　供热制度

　　对流传热是氧燃烧嘴主要的热量传输方式。保证氧气与燃料的充分混合和迅速点燃将有利于提供最高的火焰温度和氧气出口速度，从而增大对流传热系数。但为实现均匀熔化（减少高温区的吸热损失），应根据炉中状态和供电量来改变所需的燃油量。

　　在熔化开始阶段，火焰与废钢之间的温差最大，此时使氧气和燃料以理想配比进行完全燃烧，对熔化废钢很有利，烧嘴的传热效率也最大。随着废钢温度升高，炉料会因熔化而下沉并被压缩，高热燃气穿过炉料的距离缩短，使热交换效率值降低，烧嘴的传热效率下降。当炉料上部的废钢熔化掉1/2以上时，大部分热量将从熔池表面反射出去，传给废气。因此，氧燃烧嘴合理的使用时间应该是废气温度突然升高之前的这段时间。

6.4.4 应用效果

此项技术系20世纪70年代日本首先开发采用，目前日本、西欧、北美等国家和地区大多数的电炉都采用氧燃烧嘴强化冶炼。天津钢管公司用氧-油烧嘴，攀钢集团、成都钢管公司用氧-天然气烧嘴，抚钢用氧-煤烧嘴。采用氧燃烧嘴，一般可降低电耗10%~15%，生产率提高值大于10%。

烧嘴助熔比废钢预热更为优越，因为它无须在炉外配置设备和占用场地，在日本的电炉上已普遍采用。由于使用烧嘴的供氧量一般都大于理论计算值，炉内呈氧化性气氛。熔化期炉料中碳的烧损较多，为了保证氧化期的正常操作，对炉料的配碳量应适当偏高。另外，由于燃烧中有机物的裂解，熔毕时［H］有可能偏高，应做好氧化期的沸腾去气工作。

6.5 炉门炭氧枪

为加速炉内废钢熔化，传统电炉操作是采用人工吹氧的办法，即操作工手持吹氧管从炉门切割废钢或将吹氧管插入熔池加速废钢熔化，并可加速熔池脱碳。现代电弧炉炼钢取消人工操作而代之以氧枪机械手，在电炉主控室内遥控吹氧。由于造泡沫渣的需要，在向炉内吹氧的同时，用另一只喷枪向炉内喷入炭粉。

炉门炭氧枪可分为两大类，一类是水冷炭氧枪，一类是消耗式炭氧枪。水冷炭氧枪即沙钢永新、润忠以及沙景厂炉前所配置的形式。炭氧枪系多层无缝钢管制造，端头为紫铜喷头，类似于氧气顶吹转炉的水冷氧枪，只不过电炉用水冷炭氧枪是在炉门前（渣门）水平放置，且长度比顶吹转炉所用氧枪短得多。另外，铜喷头吹氧口下方放置喷炭粉出口，或另外附加水冷炭粉喷枪。炭粉可用压缩空气或氮气做载气喷入炉内。当然，为了喷炭粉，炉前操作平台还需放置一套炭粉存储罐以及气力输送装置。

水冷炭氧枪在炉内工作时，水平角度与竖直角度均可调整，以便灵活地实现助熔废钢与造泡沫渣的功能。

由于喷枪是用套管水冷的，因此，水冷炭氧枪伸入炉内时不可插入钢水熔池，也不能与炉内废钢接触。否则会影响喷枪寿命，喷枪浸入钢水熔池，会发生爆炸事故。为了保证氧气流股吹入熔池，水冷氧枪喷嘴设计成拉瓦尔式，气体出口速度超过声速。水冷炭氧枪使用时枪头距熔池液面距离应在100mm以上。

消耗式氧枪以德国巴登钢厂为代表，是用机械手驱动的三根外层涂料的钢管（$\phi = 25 \sim 30\text{mm}$）伸入炉内，其中两根管吹氧，一根管喷炭粉。喷枪没有水冷，可直接插入炉内钢水熔池，也可直接用于切割废钢助熔，喷枪一边工作一边消耗。喷枪机械手由电炉主控室遥控，将喷枪头部对准炉内所需要的位置，水平角度与竖直角度均可调整，且比水冷喷枪在炉内活动范围大，见图6-13。

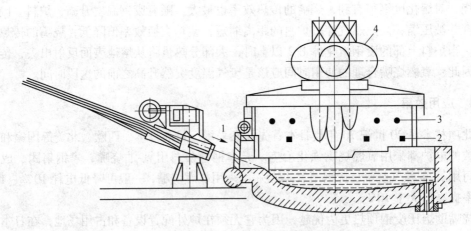

图 6-13　消耗式炭氧枪与喷枪机械手
1—炉门炭氧喷枪；2—氧-天然气烧嘴；3—二次燃烧喷嘴；4—废气处理系统

　　两种炭氧枪各有特点，各有利弊。水冷氧枪一次性投资大些，且操作中不能接触钢水与红热废钢，有一定的局限性，但操作成本低，且操作工无须更换喷管。消耗式氧枪在炉内可更早地开始切割废钢，在炉内活动空间大，且不用担心水冷炭氧枪会发生的漏水事故，但操作过程中隔一段时间需要接吹氧管，增加一些麻烦。

　　炉门炭氧枪仅能进行局部的供氧脱碳和泡沫渣操作，现在许多电炉钢，使用炉壁氧枪与炭枪，选择了新的氧枪系统。如德国、意大利开发的炭-氧-燃复合式。

6.6　集束射流氧枪

6.6.1　技术原理与特点

　　集束射流氧枪（coherent jet oxygen lance）技术是一种新型的氧气喷吹技术，能够解决传统超声速氧枪喷射距离短、冲击力小、氧气利用率低的缺点。该技术由美国 Praxair 公司开发，已在意大利、美国、德国等国家 40 多个电炉厂应用，取得了良好的效果。

　　集束射流氧枪（也称聚合射流氧枪）是应用气体力学的原理来设计的。集束射流是在传统的氧气射流周围设置环状伴随流后产生的。伴随流由燃气产生，燃气可以是煤气，也可以是天然气或液化气。由于伴随流的存在，实际上是在射流周围构成了等压圈，使燃气流对主氧气流起封套作用，所以集束射流可以保持较长距离的不衰减。一般集束射流核心段长度是传统射流的 3～5 倍。核心段是指射流超声速的部分。传统射流与集束射流的比较见图 6-14。集束射流氧枪可直接安装在炉壁，实现助熔脱碳等功能。

　　集束射流氧枪技术的关键是设计专用喷嘴，该喷嘴能够以超声速的速率向电炉内输入氧气。集束射流氧枪的出口马赫数可以达到 2.0，对金属熔池具有较高的冲击能，其射流凝聚距离能够达到 1.2～2.1m。由于集束射流能量集中，具有极强的穿透金属熔池的能力，增加了氧气对钢水的搅拌强度（见图 6-15）。因此对促进钢渣反应、均匀成分与温度、减少喷溅、提高氧气利用率、提高金属收得率和生产率都有好处，同时随着穿透能力的增强，枪位可适当提高，使氧枪寿命提高。

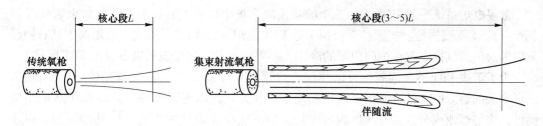

图6-14　集束射流与传统射流比较示意图

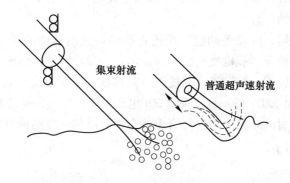

图6-15　集束射流与普通超声速射流对熔池的作用

根据电炉冶炼要求，可沿炉壁四周安装多个集束射流氧枪喷头。系统由氧气与天然气（常用）管道、喷头、控制计量仪表等构成。可设定不同的喷吹模式进行加热和熔化原料。开始加热时，使用长火焰加热和熔化废钢，熔化后期使用穿透性火焰，废钢熔化完毕，自动转入喷吹脱碳模式。

6.6.2　炉壁炭氧喷吹模块系统

北京科技大学朱荣教授等人近年开发了一种炉壁炭氧喷吹模块系统，已在石钢、莱钢、无锡新二洲钢业公司等企业得到应用。图6-16为其设备布置图。

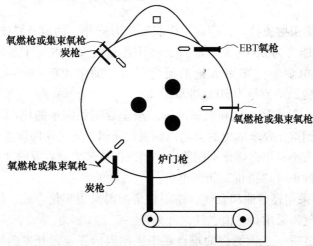

图6-16　炉壁炭氧喷吹模块系统布置图

常规电炉系统一般采用：3～5个喷吹模块，每个模块上装有1支炉壁集束氧枪（或氧燃枪），1支喷炭枪。抚顺特钢公司1号EBT电炉（50tUHP）系统，采用两支具有脱碳及助熔的集束氧枪布置在炉门两侧的冷区，一支助熔及二次燃烧氧枪布置在EBT区域。

为了解决EBT冷区问题，可以往偏心炉侧上方安装EBT氧枪（口径较小），对该区进行吹氧助熔。EBT氧枪能促进此区的废钢熔化，并在出现熔池后，提高EBT区的熔池温度，均匀熔池成分，实现CO的再燃烧。EBT氧枪在设计中需要考虑其冲击力。由于EBT区的熔池浅，EBT氧枪的氧气射流的穿透深度在设计上不能超过EBT区熔池深度的2/3，同时应避开出钢口区域。考虑到氧气射流的衰减，可采用伸缩式驱动EBT氧枪，根据冶炼的情况调整枪的位置。

集束氧枪具有助熔、脱碳等功能，炭枪具有喷炭造泡沫渣的功能。EBT氧枪主要功能是助熔废钢及二次燃烧。氧枪喷头采用拉瓦尔孔型设计，不锈钢枪体，铜制枪头，内置冷却。为了更有效地脱碳，炉壁集束氧枪更靠近熔池，安装角度与熔化的钢液面成42°～45°，氧枪射流距液面400～450mm（莱钢50t电炉）。系统在冶炼过程中可以较早地进行喷吹，且有效地避免射流对耐火材料的直接冲击，铜质的水冷箱也有助于降低耐火材料的热负荷。如图6-17所示。

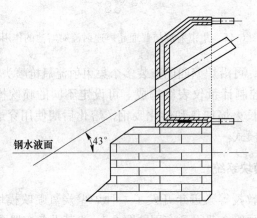

钢水液面　43°

图6-17　喷吹系统安装位置

供氧采用炉壁集束射流技术，额定工作氧流量为三种（助熔及脱碳、二次燃烧），单支集束氧枪的供氧能力为800～3000m³/h，使用流量的大小取决于各阶段冶炼工艺的要求。抚顺特钢1号电炉炉壁集束氧枪的流量设置：助熔400～800m³/h，脱碳1200～1500m³/h，EBT氧枪助熔流量为300～800m³/h。

（1）助熔工艺。射流分主氧和次氧两种。按全废钢和铁水的比例不同，熔化期供氧模式不同。一般废钢熔化要求氧枪的火焰达到更大面积，通过软件设置和流量调节，灵活控制两种方式流量大小，根据熔化不同阶段，始终保持最大最有效的加热面积，还可避免不恰当的吹氧形成的炉料"搭桥"折断电极。

氧-燃枪燃烧可采用轻柴油和燃气。使用轻柴油需采用雾化方式，使柴油达到最大的燃烧效率。使用燃气需采用高热值燃气，且具有一定上作压力。

（2）二次燃烧工艺。二次燃烧的难点在于工作点的界定，开发的模块化技术可协助操作系统进行调整，并在控制程序上体现出来，通过对废钢区域的软吹及硬吹相调节，利用一次燃烧来进一步节能降耗并不断优化。

（3）全程泡沫淹埋弧冶炼。利用模块化技术结合 PLC 计量控制喷粉量及实现炉中多点喷碳，可形成并维持很好的泡沫渣。而且，由于多点喷碳、采用预留钢水或兑铁水操作，可在冶炼过程的早期形成泡沫渣。

（4）钢水脱碳段升温。1）在氧化期脱碳时，由于在炉内多个反应区域进行脱碳，射流还有一定角度的偏心，推动了钢水的循环，这保证了温度的均匀性以及促进了渣-金属之间的物质传递。2）集束射流条件下，平均脱碳速度可达 0.06%/min。在钢水温度、渣况合适时，最大脱碳速度每分钟可达 0.10% ~ 0.12%，这有利于那些铁水或生铁比例较高的情况或冶炼低碳钢种。

6.7 二次燃烧技术

由于超高功率电弧炉冶炼过程的氧燃烧嘴助熔、强化吹氧去碳及泡沫渣操作产生大量富含 CO 的高温废气，其中只有少量的 CO 被燃烧成 CO_2，而大部分由第四孔排出后与空气中的氧燃烧成 CO_2。这一方面会增加废气处理系统的负担（在系统内燃烧，存在爆炸的危险），另一方面造成大量的能量（化学能）浪费。

废钢预热是利用排出废气的物理热，而二次燃烧是利用炉内的化学热。CO 燃烧成 CO_2 产生的热量（20880kJ/kg）是碳燃烧成 CO 产生热量（5040kJ/kg）的 4 倍，这对电弧炉来说是一个巨大的潜在能源。

为此，在熔池上方采取适当供氧使生成的 CO 再燃烧成 CO_2，即后燃烧或二次燃烧（Post Combustion），产生的热量直接在炉内得到回收，同时也减轻废气处理系统的负担。

1993 年，德国巴顿钢厂（BSW）与美国纽柯公司（Nucor）将二次燃烧技术分别用在 80t 和 60t 电弧炉上，并取得成功。之后此技术发展很快，美国、德国、法国、意大利等均达到工业应用水平。我国的宝钢为 150t 双壳炉的每一个炉体配备了一支用于二次燃烧的水冷氧枪，由炉门插入，向熔池面吹氧。

二次燃烧采用特制的烧嘴，也叫二次燃烧氧枪或 PC 枪，一般由炉壁或由炉门插入至钢液面。用于炉门的二次燃烧氧枪常与炉门水冷氧枪结合，形成"一杆二枪"。为了提高燃烧效率，将 PC 枪插入泡沫渣中，使生成的 CO 燃烧成 CO_2，其热量直接被熔池吸收。当然，吹入的氧气也会有一部分参与脱碳和用于铁的氧化。

电弧炉中二次燃烧反应进行的程度（即二次燃烧率）用下式表示：

$$PCR = \frac{\varphi(CO_2)}{\varphi(CO) + \varphi(CO_2)} \times 100\%$$

PCR 值越大，说明二次燃烧反应越充分，化学能利用率越高。

二次燃烧技术的效果：

（1）高的二次燃烧比，可达 80% 以上，废气中 CO 含量从 20% ~ 30% 降到 5% ~ 10%，CO_2 含量从 10% ~ 20% 增加到 30% ~ 35%，且大大降低 NO_x 有害气体的排放量。

（2）较高的传热效率，最高可达 65%。

（3）节电 3 ~ 4kW·h/m³（标态），德国 BSW 用于二次燃烧的供氧量（标态）为 16.8m³/t，节电 62kW·h/t。

（4）缩短冶炼时间 $0.43 \sim 0.50 \mathrm{min/m^3}$（标态），从而提高生产率。一般可缩短冶炼时间 $8\% \sim 15\%$。

德国 BSW 公司 90t 电炉采用二次燃烧技术，使变压器输入功率降低约 7%，生产率提高 7%，效果见表 6-3。

表 6-3　电炉采用二次燃烧技术的冶金效果

技术指标	采用二次燃烧技术之前	采用二次燃烧技术之后	效果
电耗/kW·h·t^{-1}	372	347	-25
总氧耗（标态）/m^3·t^{-1}	35.6	45.6	+10
冶炼周期/min	51.5	47.8	-3.7

6.8　电炉底吹搅拌技术

电炉熔池的加热方式与感应炉不同，更比不上转炉。它属于传导传热，即由炉渣传给表层金属，再传给深层金属，它的搅拌作用极其微弱，仅限于电极附近的镜面层内，这就造成熔池内的温度差和浓度差大。因此，电炉熔池形状要设计成浅碟形的，操作上，要求加强搅拌。国内钢厂操作规程要求测温、取样前，要用 2~4 个耙子对熔池钢液进行搅拌。但这样搅拌劳动强度大、人为干扰多，而且炉子越大（如大于 40t），问题越突出。为了改善电炉熔池搅拌状况，国内外曾经采用过电磁搅拌器，但效果差，设备投资大，而且故障多，目前都已不采用。

为解决上述问题，受底吹转炉的启发，20 世纪 80 年代日本新日铁、东伸制钢、美国联合碳化物公司、墨西哥钢研所、苏联车里雅宾斯克钢铁公司等先后研究出电炉底吹气搅拌工艺。由于经济效果显著，发展很快。电炉底吹气体加强了熔池的搅拌，这对电炉炉型来说是一场革命，使电炉炉型由浅碟形变成桶形，近似成转炉炉型，这将成为今后发展的趋势。

目前大多数电弧炉搅拌都采用气体（主要是 Ar 或 N$_2$，少数也用天然气和 CO$_2$）作为搅拌介质，气体从埋于炉底的接触式或非接触式多孔塞进入电弧炉内。少数情况也采用风口形式。在出钢槽出钢的交流电弧炉内，多孔塞布置在电极圆对称的炉底圆周上，并与电极孔错开布置，如图 6-18 所示。偏心底出钢电弧炉，因为出钢口区域存在熔池搅拌的死区，除按传统电弧炉内的方法布置外，还在电极圆圆心到出钢口的直线上，约在其中心处设置一多孔塞。对于小炉子，一般采用一个多孔塞并布置在炉子的中心。对于普通钢类，接触式多孔塞底吹气体量（标态）为 $0.028 \sim 0.17 \mathrm{m^3/min}$，总耗量（标态）为 $0.085 \sim 0.566 \mathrm{m^3/t}$。非接触式多孔塞底吹气量可大些。通常，熔化期可强烈搅拌。在废钢完全熔化后，为抑制电极的摆动所引起的输入功率不稳定和钢水引起的电极熔损，宜将搅拌气体流量减少到 1/2 到 1/3。也有从均匀搅拌的角度出发，采用在熔清后并不减流量而继续操作的方法，这对提高钢水收得率、降低电耗稍有利。

对于电弧炉底吹搅拌技术而言，供气元件是其关键。供气元件有单孔透气塞、多孔透气塞及埋入透气塞多种，常用后两种。供气元件的寿命低，炉底维护、风口更换困难都限制了其推广应用。接触式多孔塞底吹系统的使用寿命约 300 ~ 500 炉，而某些非接触式多

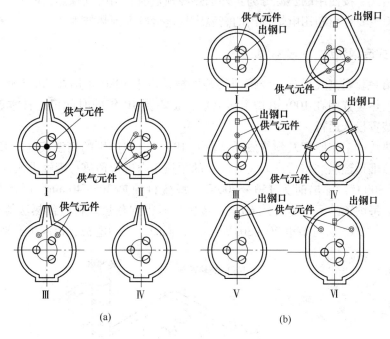

图 6-18 电弧炉底吹供气元件的布置
(a) 出钢槽出钢；(b) 偏心底出钢

孔塞底吹系统的使用寿命已超过 4000 炉。

电弧炉底吹搅拌技术的优越性主要有：

(1) 减少大沸腾和"炉底冷"的现象；

(2) 金属收得率提高 0.5% ~1%；

(3) 缩短冶炼时间 1~16min(典型值为 5min)；

(4) 节电最大可达 43kW·h/t(典型值为 10~20kW·h/t)；

(5) 提高合金收得率；

(6) 提高去硫率和去磷率；

(7) 降低电极消耗。

6.9 废钢预热及余热回收技术

6.9.1 废钢预热法的分类

当电炉采用超高功率化与强化用氧技术，使废气量大大增加，废气温度高达 1200℃以上，废气带走的热量占总热量支出的 15% ~20%，折合成电能相当于 80~120kW·h/t。为了降低能耗、回收能量，废钢在熔炼前进行预热，尤其是利用电炉排出的高温废气进行废钢预热、提高炉料带入的物理热是高效、节能最直接的办法。到目前为止，世界范围废钢预热方法主要有料篮预热法、双壳电炉法、竖窑电炉法及炉料连续预热法等。

废钢预热按其结构类型分为：分体式与一体式，即预热与熔炼是分还是合；分批预热式与连续预热式。按使用的热源分为：外加热源预热与利用废气预热，前者是采用燃料烧嘴预热。下面主要介绍利用电炉排出的高温废气进行废钢预热技术。

6.9.2　料篮式废钢预热

世界上第一套料篮或料罐式废钢预热装置被日本于 1980 年用在 50t 电炉上，次年又将这种废钢预热装置用在 100t 电炉上。之后，在不到 10 年的时间里，日本就有接近 50 套废钢预热装置投入运行。

料篮预热法的工作原理及预热效果（图 6-19），电炉产生的高温废气（1200℃以上）由第四孔水冷烟道经燃烧室后进入装有废钢的预热室内进行预热。废气进入预热室的温度一般为 700～800℃，排出时为 150～200℃，每篮料预热 30～40min，可使废钢预热至 200～250℃。每炉钢的第一篮（约 60%）废钢可以得到预热。料篮预热法能回收废气带走热量的 20%～30%，可节电 20～30kW·h/t，同时，节约电极、提高生产率。

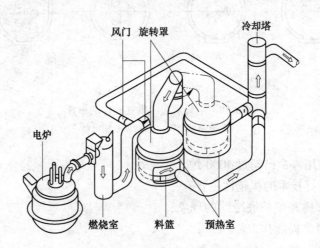

图 6-19　料篮式废钢预热装置示意图

该种废钢预热存在的主要问题：（1）产生白烟、臭气等新的公害，环保监测发现：废钢预热过程同焚烧垃圾一样易产生"二噁英"白烟，这与废钢原料中附着的油漆、塑料、废油等杂质以及电极、炉衬耐火材料等密切相关。（2）高温废气使料篮局部过烧，降低其使用寿命。(3) 预热温度低，废钢装料过程温降大等。

迫于这些问题，采取了再循环方式、加压方式、多段预热方式、喷雾冷却方式及后燃方式等措施对付白烟与臭气，采取水冷料篮，以及限制预热时间、温度等措施来提高料篮的寿命。但是，结果不理想，而且这些措施均使原本废钢预热温度就不高（废钢入炉前温降大，降至 100～150℃）的情况进一步恶化，综合效益甚微。

这些问题的存在，使得该项技术受到挑战，一些钢厂干脆停止了使用。这就促使欧美和日本积极开发新的废钢预热工艺，提高利用电炉产生的高温废气预热废钢的效率，节约能源、提高生产率、降低成本以及改善环境。

6.9.3　双壳电炉法

双壳电炉法早在 20 世纪 70 年代就存在，但它是外加热源（氧-燃烧嘴）预热；而新式双壳炉是利用电炉产生的高温废气进行预热的。

新式双壳炉具有一套供电系统、两个炉体，即"一电双炉"。一套电极升降装置交替对两个炉体进行供热来熔化废钢，如图6-20所示。

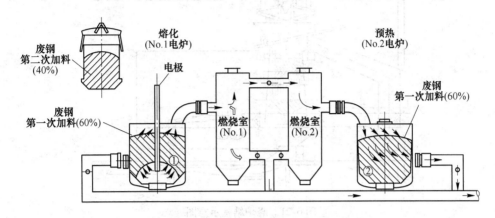

图6-20　双壳炉装置及工作原理

双壳炉的工作原理是：当熔化炉（No.1）进行熔化时，所产生的高温废气由炉顶排烟孔经燃烧室后进入预热炉（No.2）中进行预热废钢，预热（热交换）后的废气由出钢箱顶部排出、冷却与除尘。每炉钢的第一篮（约60%）废钢可以得到预热。双壳炉的主要特点是：（1）减少热停工时间（减少出钢间隔时间），提高变压器的时间利用率，由70%提高到80%以上，或可减少变压器的容量；（2）缩短冶炼时间，提高生产率15%～20%；（3）可回收废气带走热量的30%以上，节电40～50kW·h/t。

新式双壳炉自1992年日本首先开发出第一座，到目前世界范围约有数十座在运行，其中大部分为直流双壳炉。为了增加预热废钢的比例，日本钢管公司（NKK）采取增加电炉熔化室高度的方法，并采用氧燃烧嘴预热助熔，以进一步降低能耗、提高生产率。

6.9.4　竖窑式电炉

20世纪90年代，德国的Fuchs公司研制出新一代电炉——竖窑式电炉（简称竖炉）。Fuchs公司从1988年开发研究竖炉技术，现在已经显示出其卓越的性能和显著的经济效果。从1992年首座竖炉在英国的希尔内斯钢厂（Sheermess）投产，到目前世界范围约有几十座在运行。

竖炉炉体为椭圆形，在炉体相当炉顶第四孔（直流炉为第二孔）的位置配置一竖窑烟道，并与熔化室连通。在竖窑烟道的下部与熔化室之间有一水冷活动托架（指形阀，以此特征将其叫作指式竖炉），将竖炉与熔化室隔开，废钢分批加入竖窑中，废钢经预热后，打开托架加入炉中，可实现100%的废钢预热，竖炉结构如图6-21所示。

竖炉的工作原理（图6-22）：新开炉的第一篮废钢直接加入炉中，余下的由受料斗加入竖窑中。送电熔化时，炉中产生的高温废气（1200～1600℃）直接对竖窑中废钢料进行预热。当炉膛中的废钢基本熔化后，竖窑中废钢经预热，温度高达600～700℃时，打开托架将预热好的废钢加入（下料）高温炉膛中。随后关闭托架，再由受料斗将废钢加

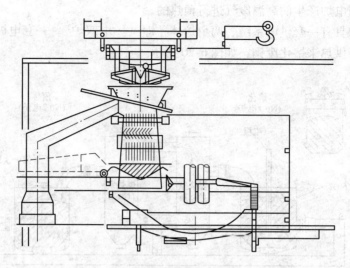

图 6-21　竖炉结构示意图

入（加料）竖窑中进行预热，周而复始，使废钢料分批、分期、百分之百地进行预热。出钢时，炉盖与竖窑一起提升 800mm 左右，炉体倾动，由偏位底出钢口出钢。

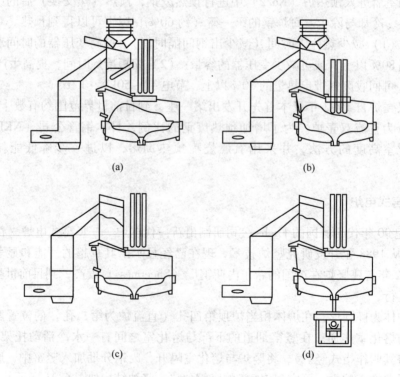

图 6-22　竖炉的工作原理图

（a）加料阶段；（b）熔化/预热；（c）下料/加料/熔化；（d）出钢/下料

竖炉（指式竖炉）的主要优点：（1）减少热停工时间（出钢间隔与过程热停工）、提高变压器的时间利用率，由 70% 提高到 85% 以上；（2）缩短冶炼时间，提高生产率

15% 以上；（3）可回收废气带走热量的 60% ~ 70%，节电 60 ~ 80kW·h/t；（4）减少环境污染，减轻除尘负担；（5）与其他预热法相比，还具有占地面积小、投资省等优点。

竖炉同样有交流、直流、单壳、双壳之分。世界首座双壳竖炉 90t/90MVA，1993 年 9 月在法国联合金属公司（SAM）建成，同期卢森堡阿尔贝公司（Arbed）也建成类似的竖炉。它们在投产后均显示出优越性，SAM 厂最好指标（1997 年 7 月 3 日创造的）为：电耗 340kW·h/t，电极消耗 1.3kg/t，冶炼周期 46min，生产率 126t/h。

6.9.5　炉料连续预热式电炉

指式竖炉实现炉料半连续预热，而这种炉型实现了炉料连续预热，所以可称其为炉料连续预热电炉。

6.9.5.1　炉料连续预热式电炉的发展

炉料连续预热式电炉是 20 世纪 80 年代意大利得兴（TECHINT）公司开发的，称为 CONSTEEL Furnace，译成"康斯迪电炉"。1987 年最先在美国的纽柯公司达林顿钢厂（Nucor-Darlington）进行试生产，90 年代开始流行。获得成功后在美国、意大利、日本及中国等推广使用。到 2009 年为止，在世界范围内已投产的康斯迪电炉已达 36 座，能力为每年 3000 万吨，还有大约 10 座正在建设中。世界最大的康斯迪电炉在意大利，为 250t，中国进口的康斯迪电炉已超过 10 座，其中最大的为 220t。

一般炉料连续预热式电炉由三部分组成，即炉料连续输送及预热系统，电炉熔炼系统，燃烧室及余热回收系统，如图 6-23 所示。炉料连续预热式电炉的工作原理是在连续

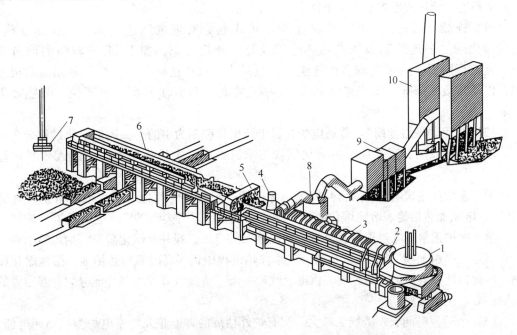

图 6-23　炉料连续预热式电炉系统结构图

1—炉子系统；2—连接小车；3—预热通道；4—动态密封；5—平料装置；6—炉料输送系统；
7—磁盘吊；8—燃烧室；9—锅炉或余热回收系统；10—布袋除尘器

加料的同时，利用炉子产生的高温废气对炉料进行连续预热，可使废钢入炉的温度提高，而预热后的废气经燃烧室进入余热回收系统。过程实现废钢连续加料、连续预热及连续熔化、电弧加热熔池、熔池熔化废钢。

6.9.5.2　炉料连续预热式电炉的优点

由于过程实现废钢连续加入、连续预热及连续熔化的"三连续"，电弧加热熔池、熔池熔化废钢，具有如下优点。

（1）减少非通电时间。采用连续加废钢铁料，减少非通电时间、缩短冶炼周期，提高变压器利用率及生产率。

（2）节约电能，减少通电时间。废钢预热、提高废钢入炉温度 $200 \sim 300℃$，回收能量、节约电能 $50 \sim 70kW \cdot h/t$，减少通电时间、缩短冶炼周期。

（3）电弧特别稳定。由于电弧加热熔池，熔池加热废钢，尤其是泡沫渣埋弧操作，使得电弧特别稳定，电极断裂减少，电网干扰大大减少，可以减少"SVC"装置的补偿容量。

（4）节奏灵活。因过程实现废钢连续加入、连续熔化，连续脱磷、脱碳，使其冶炼周期具有一定的可塑性，有利于流程节奏的调整、实现多炉连浇。

另外，炉料连续预热式电炉有交流、直流，实现了废钢 100% 连续装入、连续预热，应该说这种炉料连续预热式电炉是高效、节能型的现代电炉炼钢设备。

6.9.5.3　炉料连续预热式电炉的工艺特点

炉料连续预热式电炉具有如下优点。

（1）连续、高效、节能。炉料连续预热式电炉实现废钢连续加入、连续预热、连续熔化的"三连续"及周期出钢，以及超前预报意识，加上 LF 炉较强的调节功能，使流程顺畅，容易实现多炉连浇，而且潜力很大；这种"三连续"及超前预报意识，以及高效的措施，如"连续"、大功率及强化用氧，使其生产节奏快、节能效果明显。

（2）全程"平熔池期"。普通电炉是以电弧熔化废钢为主的，一般把熔化过程分为四个阶段，即点弧期、穿井期、主熔化期和熔末升温期，主熔化期之后才进入"平熔池期"。

炉料连续预热式电炉，除新开炉第一炉的第一篮料外，其他时候采取大留钢量（约40%），电弧加热熔池、熔池熔化废钢，熔池始终处于"平熔池期"。也就是说，炉料连续预热式电炉正常冶炼过程没经过废钢固体料的点弧、穿井及熔化阶段，冶炼给电的一开始就是"平熔池期"，在连续加料、连续预热过程中，实现电弧加热熔池，熔池熔化废钢。因此，这种电炉炉衬的砌筑、供电、吹氧去碳、造渣脱磷等均与普通电炉有着很大的区别，必须予以重视。

（3）平熔池时间长、渣线区域大。配有炉外精炼的普通超高功率电炉为一高速熔器，其过程主要是熔化过程。全废钢熔化成为平熔池期后，经十几分钟就可以出钢，即平熔池期很短，渣线基本固定（范围很窄），电弧仅威胁炉衬渣线及热点，其中 2 号热点区较为严重。但电炉的炉衬在水冷炉壁的保护下寿命还是很长的。

而这种炉料连续预热式电炉，正常冶炼过程给电的一开始就是"平熔池期"，所以平熔池持续时间长，随着废钢的熔化、熔池面上涨，使其渣线由下至上范围变化大（变渣线），这就使得电弧始终威胁大部分耐火材料炉壁，尤其是始终处于高温区的2号区域工况最为恶劣，必须予以重视。

6.9.5.4　炉料连续预热式电炉的操作要点

由于炉料连续预热式电炉的这些特点，使得该种电炉炉衬的砌筑、造渣、吹氧及供电等均与普通电炉有着很大的区别。为了实现高效节能，追求流程设备顺行及其指标优化，结合国内炉料连续预热式电炉实际，指出设备工艺操作要点如下。

（1）增加渣线的宽度。全程"平熔池期"及"变渣线"现象，要求渣线镁碳砖的砌筑宽度向下延300～400mm，增加抵御变渣线的能力。

（2）全程泡沫渣操作。全程"平熔池期"，给电一开始电弧就加热钢水，就对渣线进行高温辐射，这就必须考虑保护渣线，因此，全程造泡沫渣进行埋弧操作就显得特别重要，要点如下：

要求备有良好的设备，如炉门炭-氧枪，炉壁多功能氧枪；要定期维护，保证设备正常使用；要有正确的操作，即脱磷、造泡沫渣及脱碳三者要兼顾。平熔池期开始熔池温度较低，炉渣渣量较大（渣层较厚），炉渣碱度、氧化铁含量较高，采取向渣-钢界面吹氧（水平摆动）法特别有利于脱磷（以脱磷为主）；当熔池面上升、熔池面直径扩大（渣层较薄），连续进料量达到20%～30%时，开始补充渣量、吹氧同时喷炭粉造泡沫渣；炉渣泡沫化埋弧，流渣、补充新渣（脱磷、造泡沫渣同时），控制供碳量，避免快速降低渣中的氧化铁而影响脱磷；连续进料量达到80%～90%，脱磷较彻底后，熔池温度达到不小于1540～1560℃时强化吹氧快速脱碳；连续进料结束后，提温约10min，测温、取样、出钢。

（3）废钢准备与进料速度控制。废钢铁料的堆密度、尺寸（最大尺寸不能超过600mm）、块重（小于0.5t）、形状等影响连续加料、连续预热、连续熔化，当然也就影响进料速度、冶炼周期及电耗；废钢铁的配料，如生铁配入的多少，影响脱碳量、吹氧量及钢铁料的消耗，也影响连续进料的速度。

连续进料的速度大小影响进料时间、冶炼周期的长短。它可以在控制料高的基础上，通过调整废钢给进线速度来进行调整，关键是连续进料的速度要与废钢的熔化速度相匹配，而废钢的熔化速度又取决于供电及供氧的强度。

（4）控制抽气速度提高预热效果。对于现有炉料连续预热式电炉，国内废气预热温度很低，也就200℃左右。如何提高高温废气的预热效果，一方面要合理、强化用氧；另一方面，增加废钢与高温废气接触的机会及时间。对于后者，可采取适当控制抽气速度，改变高温废气的路径，如让高温废气由废钢料床下部穿过进行预热。

6.9.5.5　炉料连续预热式电炉存在的问题

炉料连续预热式电炉的理念就是高效、节能及环保，但废钢预热温度远没有达到外商宣传的600℃，实际运行结果也就200℃左右；系统余热回收效果也不理想；废钢铁料经预热通道后易产生新的公害"二噁英"，而且没有更好的处理抑制手段。

6.9.6　电炉炼钢余热回收技术

虽然利用电炉排出的高炉废气进行废钢预热是高效、节能最直接的办法，但目前来看，这几种废钢预热方法都存在一些问题，不但增加了设备的复杂性及占地面积，而且预热效果不理想。

最先由莱钢集团特钢公司设计的 50t 超高功率电炉直接利用第四孔排出的高温废气进行余热回收的效果很好，其余热锅炉产生的热量可用于 VD/VOD 真空系统，而且其过程还可以很好地抑制"二噁英"的产生。目前，该技术得到了迅速推广，使得炉料连续预热式电炉受到挑战。电炉排烟第四孔余热回收系统工艺流程图见图 6-24。

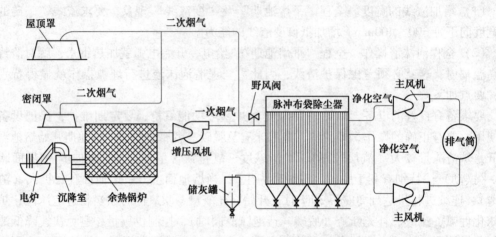

图 6-24　电炉排烟第四孔余热回收系统工艺流程图

由图 6-24 可以看出，为了充分利用电炉第四孔烟气中的热量，节约烟气降温设备所消耗的能量，利用余热锅炉代替传统排烟除尘工艺流程中的水冷烟道、机力风冷器等烟气降温设备，通过余热锅炉的换热功能，利用烟气中的热能把余热锅炉中的热水转化为蒸汽，同时把烟气的温度降到合理的数值。将余热锅炉所产生蒸汽的热量用于炼钢的 VD/VOD 真空系统，以及取暖设备、制冷、发电等。

 ## 复习与思考题

6-1　电弧炉炼钢减少冶炼周期提高生产率的途径有哪些?

6-2　试述水冷挂渣炉壁的工作原理。

6-3　泡沫渣操作有何优点，其影响因素有哪些?

6-4　试述氧燃烧嘴的类型及其特点。

6-5　试述集束射流氧枪的工作原理。

6-6　简述废钢预热的主要作用有哪些?

参 考 文 献

[1] 高泽平, 等. 炼钢工艺学 [M]. 北京: 冶金工业出版社, 2013.

[2] 阎立懿. 现代电炉炼钢工艺及装备 [M]. 北京: 冶金工业出版社, 2011.

[3] 王新江, 等. 现代电炉炼钢生产技术手册 [M]. 北京: 冶金工业出版社, 2009.

[4] 杨桂生, 等. 炼钢生产技术 [M]. 北京: 冶金工业出版社, 2016.

[5] 董中奇, 等. 电弧炉炼钢生产 [M]. 北京: 冶金工业出版社, 2013.

[6] 朱荣, 等. 电弧炉炼钢技术及装备 [M]. 北京: 冶金工业出版社, 2018.

[7] 邱绍歧, 等. 电弧炉炼钢原理及工艺 [M]. 北京: 化学工业出版社, 2015.

[8] 傅杰. 现代电炉炼钢理论与应用 [M]. 北京: 冶金工业出版社, 2009.

[9] 包燕平, 等. 钢铁冶金学教程 [M]. 北京: 冶金工业出版社, 2008.

[10] 王新华, 等. 钢铁冶金—炼钢学 [M]. 北京: 高等教育出版社, 2007.

[11] 朱苗勇, 等. 现代冶金学 (钢铁冶金卷) [M]. 北京: 冶金工业出版社, 2005.

[12] 郑沛然, 等. 炼钢学 [M]. 北京: 冶金工业出版社, 1994.

[13] 陈家祥, 等. 钢铁冶金学 [M]. 北京: 冶金工业出版社, 1990.

[14] 沈才芳, 等. 电弧炉炼钢工艺与设备 [M]. 北京: 冶金工业出版社, 2001.

[15] 曲英, 等. 炼钢学原理 [M]. 北京: 冶金工业出版社, 1980.

[16] 刘根来, 等. 炼钢原理与工艺 [M]. 北京: 冶金工业出版社, 2004.

[17] 成国光, 等. 钢铁冶金学 [M]. 北京: 冶金工业出版社, 2006.